国家职业教育工程造价专业
教学资源库配套教材

高等职业教育新形态一体化教材

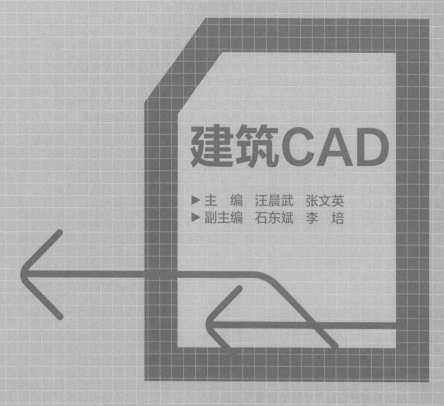

建筑CAD

▶主　编　汪晨武　张文英
▶副主编　石东斌　李　培

U0364795

中国教育出版传媒集团
高等教育出版社·北京

内容提要

本书是国家职业教育工程造价专业教学资源库配套教材。本书从实用的角度出发,严格按照 CAD 制图国家标准介绍各种基本设置,通过大量通俗易懂的实例,以生动简洁的语言和由浅入深、循序渐进的方式,全面而详细地介绍了 AutoCAD 在建筑工程中的应用。全书共分 8 个单元,主要介绍 AutoCAD 基本操作命令的运用和建筑施工图的绘制及实训等内容,各单元的上机实训内容具有连贯性,能够帮助读者更好地通过实际操作及时全面掌握各单元的内容。本书还配套了丰富的微课资源,能够帮助学习者更好地学习。在认真学完本书所有的单元后,读者可具备独立绘制建筑施工图的能力。

本书配套开发有课程标准、教学课件、微课、案例等数字化教学资源,本书还配套有在线开放课程,可通过登录智慧职教 MOOC 学院,进入"建筑 CAD"课程进行在线学习,也可以通过扫描书中二维码观看相关教学资源。

本书可作为高等职业院校土建类专业相关课程的教材,也可作为从事工程建设及相关行业工作人员学习和研究的参考资料。

授课教师如需要本书配套的教学课件资源,可发送邮件至邮箱 gztj@ pub. hep. cn 获取。

图书在版编目(CIP)数据

建筑 CAD / 汪晨武,张文英主编. --北京:高等教育出版社,2023.4
ISBN 978-7-04-059457-7

Ⅰ.①建… Ⅱ.①汪…②张… Ⅲ.①建筑设计-计算机辅助设计-AutoCAD 软件 Ⅳ.①TU201.4

中国版本图书馆 CIP 数据核字(2022)第 184634 号

建筑 CAD
JIANZHU CAD

| 策划编辑 | 温鹏飞 | 责任编辑 | 温鹏飞 | 特约编辑 | 郭克学 | 封面设计 | 马天驰 |
| 版式设计 | 马 云 | 责任绘图 | 邓 超 | 责任校对 | 窦丽娜 | 责任印制 | 存 怡 |

出版发行	高等教育出版社	网 址	http://www.hep.edu.cn
社 址	北京市西城区德外大街 4 号		http://www.hep.com.cn
邮政编码	100120	网上订购	http://www.hepmall.com.cn
印 刷	鸿博昊天科技有限公司		http://www.hepmall.com
开 本	850mm×1168mm 1/16		http://www.hepmall.cn
印 张	17		
字 数	390 千字	版 次	2023 年 4 月第 1 版
购书热线	010-58581118	印 次	2023 年 4 月第 1 次印刷
咨询电话	400-810-0598	定 价	41.80 元

本书如有缺页、倒页、脱页等质量问题,请到所购图书销售部门联系调换
版权所有 侵权必究
物 料 号 59457-00

"智慧职教"(www.icve.com.cn)是由高等教育出版社建设和运营的职业教育数字教学资源共建共享平台和在线课程教学服务平台,与教材配套课程相关的部分包括资源库平台、职教云平台和 App 等。用户通过平台注册,登录即可使用该平台。

● 资源库平台:为学习者提供本教材配套课程及资源的浏览服务。

登录"智慧职教"平台,在首页搜索框中搜索"建筑 CAD",找到对应作者主持的课程,加入课程参加学习,即可浏览课程资源。

● 职教云平台:帮助任课教师对本教材配套课程进行引用、修改,再发布为个性化课程(SPOC)。

1. 登录职教云平台,在首页单击"新增课程"按钮,根据提示设置要构建的个性化课程的基本信息。

2. 进入课程编辑页面设置教学班级后,在"教学管理"的"教学设计"中"导入"教材配套课程,可根据教学需要进行修改,再发布为个性化课程。

● App:帮助任课教师和学生基于新构建的个性化课程开展线上线下混合式、智能化教与学。

1. 在应用市场搜索"智慧职教 icve"App,下载安装。

2. 登录 App,任课教师指导学生加入个性化课程,并利用 App 提供的各类功能,开展课前、课中、课后的教学互动,构建智慧课堂。

"智慧职教"使用帮助及常见问题解答请访问 help.icve.com.cn。

序

　　职业教育工程造价专业教学资源库项目于 2016 年 12 月获教育部正式立项（教职成函〔2016〕17号），项目编号 2016-16，属于土木建筑大类建设工程管理类。依据《关于做好职业教育专业教学资源库 2017 年度相关工作的通知》，浙江建设职业技术学院和四川建筑职业技术学院，联合国内 21 家高职院校和 10 家企业单位，在中国建设工程造价管理协会、中国建筑学会建筑经济分会项目管理类专业教学指导委员会的指导下，完成了资源库建设工作，并于 2019 年 11 月正式通过了验收。验收后，根据要求做到了资源的实时更新和完善。

　　资源库基于"能学、辅教、助训、促服"的功能定位，针对教师、学生、企业员工、社会学习者 4 类主要用户设置学习入口，遵循易查、易学、易用、易操、易组原则，打造了门户网站。资源库建设中，坚持标准引领，构建了课程、微课、素材、评测、创业等 5 大资源中心；破解实践教学痛点，开发了建筑工程互动攻关实训系统、工程造价综合实务训练系统、建筑模型深度开发系统、工程造价技能竞赛系统 4 大实训系统；校企深度合作，打造了特色定额库、特色指标库、可拆卸建筑模型教学库、工程造价实训库 4 大特色库；引领专业发展，提供了专业发展联盟、专业学习园地、专业大讲堂、开讲吧课程 4 大学习载体。工程造价资源库构建了全方位、数字化、模块化、个性化、动态化的专业教学资源生态组织体系。

　　本套教材是基于"国家职业教育工程造价专业教学资源库"开发编撰的系列教材，是在资源库课程和项目开发成果的基础上，融入现代信息技术、助力新型混合教学方式，实现了线上、线下两种教育形式，课上、课下两种教育时空，自学、导学两种教学模式，具有以下鲜明特色：

　　第一，体现了工学交替的课程体系。新教材紧紧抓住专业教学改革和教学实施这一主线，围绕培养模式、专业课程、课堂教学内容等，充分体现专业最具代表性的教学成果、最合适的教学手段、最职业性的教学环境，充分助力工学交替的课程体系。

　　第二，结构化的教材内容。根据工程造价行业发展对人才培养的需求、课堂教学需求、学生自主学习需求、中高职衔接需求及造价行业在职培训需求等，按照结构化的单元设计，典型工作的任务驱动，从能力培养目标出发，进行教材内容编写，符合学习者的认知规律和学习实践规律，体现了任务驱动、理实结合的情境化学习内涵，实现了职业能力培养的递进衔接。

　　第三，创新教材形式。有效整合教材内容与教学资源，实现纸质教材与数字资源的互通。通过嵌入资源标识和二维码，链接视频、微课、作业、试卷等资源，方便学习者随扫随学相关微课、动画，即可分享到专业（真实或虚拟）场景、任务的操作演示、案例的示范解析，增强学习的趣味性和学习效果，弥补传统课堂形式对授课时间和教学环境的制约，并辅以要点提示、笔记栏等，具有新颖、实用的特点。

国家职业教育工程造价专业教学资源库项目组

2022 年 8 月

微课
课程概述

前　言

　　党的二十大报告提出，推动战略性新兴产业融合集群发展，构建新一代信息技术、人工智能、生物技术、新能源、新材料、高端装备、绿色环保等一批新的增长引擎。CAD 作为数字技术与工程建造深度融合的载体，是建筑业数字化转型升级的一部分。本书在内容方面注重融入党的二十大精神，使思政元素与课程内容有机融合，将爱国情怀、工匠精神、创新精神、质量意识等融入学习任务中，注重培育德技并修的新时代高素质技术技能人才，同时顺应我国建筑业信息化、数字化转型升级的战略需要。

　　AutoCAD 软件自推出以来广受各界的好评，在土木建筑领域应用广泛。本书是结合近年来计算机辅助设计在土木建筑中的应用，参考国内外同类教材，总结全体编写人员的教学经验，利用了国家职业教育工程造价专业教学资源库建设的教学资源，并融入教学改革成果编写而成的。

　　本书从实用的角度出发，通过大量通俗易懂的实例，全面而详细地介绍了 AutoCAD 在建筑工程中的应用。全书内容全面、叙述严谨，严格按照 CAD 制图国家标准介绍各种基本设置，以生动简洁的语言，由浅入深、循序渐进的方式，引导读者逐步学习并掌握利用 AutoCAD 软件绘制土建专业施工图的方法和技巧。在认真学完本书所有的单元后，读者可具备独立绘制建筑施工图的能力。全书共分8 个单元，包括 AutoCAD 的基础知识、基本绘图命令和编辑方法、建筑平面图的绘制、建筑立面图的绘制、建筑剖面图的绘制、建筑详图的绘制、AutoCAD 的设计中心与图形输出、建筑 CAD 实训。

　　本书以高等职业教育人才培养目标和人才培养模式改革为重点，充分吸收国家职业教育工程造价专业教学资源库的校企行融合、工学结合等课程教学改革成果，以将建设工程管理类专业学生培养为工程造价从业者为目标，突出实践性、开放性和职业性。

　　本书的编写突出教、学、做、思一体化的思想，本着有理论、有案例、有分析、有应用、有思考的原则，精心整合 CAD 教学内容，注重案例与实训练习，强化对学生实际操作能力和解决问题能力的培养。

　　本书由长期从事"建筑 CAD"课程教学的骨干教师及企业相关从业者共同编写。本书由上海思博职业技术学院汪晨武和广东建设职业技术学院张文英担任主编，黑龙江建筑职业技术学院石东斌和上海建桥学院李培担任副主编。汪晨武负责拟定编写大纲，并对全书统稿和定稿。全书共分8 个单元，具体分工如下：单元1、单元4 由张文英编写；单元2、单元3、单元5 由汪晨武编写；单元6、单元8 由石东斌编写；单元7 由李培编写。本书编写过程中，还得到了上海鲁班软件有限公司、悉地国际和国家职业教育工程造价专业教学资源库建设团队的大力支持，在此一并表示由衷的感谢！

　　虽然我们对本书的编写做了很多努力，但是由于作者水平有限，加之时间仓促，书中难免存在不足之处，敬请广大读者批评指正。

编　者
2022 年 8 月

目 录

单元 1

AutoCAD 的基础知识

学习内容

本单元介绍 AutoCAD 2021 绘图的基础知识,通过本单元的学习,了解如何设置图形的系统参数、图形文件的管理、对象的概念以及精确绘图操作。

基本要求

本单元是全书的基础,通过学习和实训,了解 AutoCAD 2021 的基础知识,熟练掌握 AutoCAD 定点设备的操作以及图形的新建、保存和打开,了解坐标和对象的概念,能够正确使用 AutoCAD 完成精确绘图的操作,为进入系统学习做准备。

任务 1.1   AutoCAD 概述

AutoCAD 是由 Autodesk 公司于 20 世纪 80 年代初为微型计算机上应用 CAD 技术而开发的绘图程序软件,经过不断的完善,现已成为国际上广为流行的计算机绘图工具。

AutoCAD 可以绘制任意二维和三维图形,并且同传统手工绘图相比,用 AutoCAD 绘图速度更快、精度更高,而且便于个性化设计,它已经在航空航天、土木工程、装饰装修、城市规划、机械设计、电子设计、服装化工等众多领域得到了广泛应用,并取得了丰硕的成果和巨大的经济效益。

AutoCAD 具有友好的用户界面,通过交互菜单或命令行方式便可以进行各种操作。它的多文档设计环境,让非计算机专业人员也能很快地学会使用,并在不断实践的过程中更好地把握它的各种应用和开发技巧,从而不断提高工作效率。

AutoCAD 自 1982 年问世以来,已经进行了多次升级,本书主要以 AutoCAD 2021 版为基础操作环境进行讲解。

利用 AutoCAD 绘制建筑图,应该按照正确的绘图步骤进行,养成良好的习惯,这样不但有助于规范、严谨地制图,而且能大大提高工作效率。AutoCAD 绘图的基本流程如下:

(1) 打开 AutoCAD 软件,进入工作界面。

(2) 新建或打开一个绘图文件。

(3) 绘图前的准备工作:设置绘图环境、文字样式、标注样式等。

(4) 通过绘图和修改命令,进行图形绘制。

(5) 清理图形,保存文件,打印输出。

AutoCAD 的特点如下:

(1) 具有完善的图形绘制功能。

(2) 具有强大的图形编辑功能。

(3) 可以采用多种方式进行二次开发或用户定制。

(4) 可以进行多种图形格式的转换,具有较强的数据交换能力。

(5) 支持多种硬件设备。

(6) 支持多种操作平台。

(7) 具有通用性、易用性,适用于各类用户。

此外,从 AutoCAD 2000 开始,该软件又增添了许多强大的功能,如 AutoCAD 设计中心(ADC)、多文档设计环境(MDE)、Internet 驱动、新的对象捕捉功能、增强的标注功能以及局部打开和局部加载的功能,从而使 AutoCAD 软件更加完善。

任务 1.2   操 作 环 境

1.2.1   AutoCAD 2021 操作界面

AutoCAD 2021 初始界面如图 1-1 所示。进入 AutoCAD 2021 操作界面,一个完整的草图与注释操作界面如图 1-2 所示,包括标题栏、菜单栏、功能区、绘图区、十字光标、导航栏、坐标系图标、命令行窗口、状态栏、布局标签、快速访问工具栏等。AutoCAD 操作界面是 AutoCAD 显示、编辑图形的区域。

操作实例——设置明界面

【操作步骤】

(1) 启动 AutoCAD 2021,打开图 1-3 所示的系统默认操作界面。

(2) 在绘图区中单击鼠标右键,打开快捷菜单,选择"选项"命令,如图 1-4 所示。

(3) 打开"选项"对话框,选择"显示"选项卡,将"窗口元素"选项组的"颜色主题"设置为"明",单击"确定"按钮,如图 1-5 所示。

设置完成的明界面如图 1-6 所示。

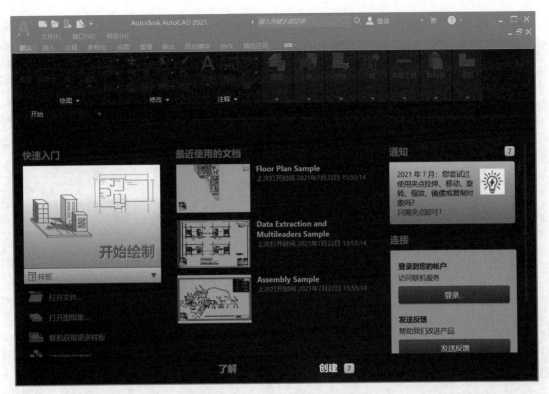

图 1-1　AutoCAD 2021 初始界面

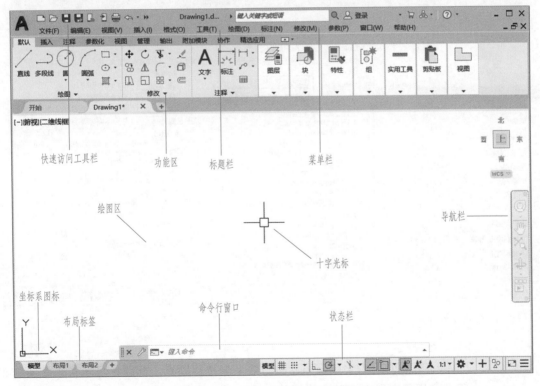

图 1-2　AutoCAD 2021 中文版操作界面

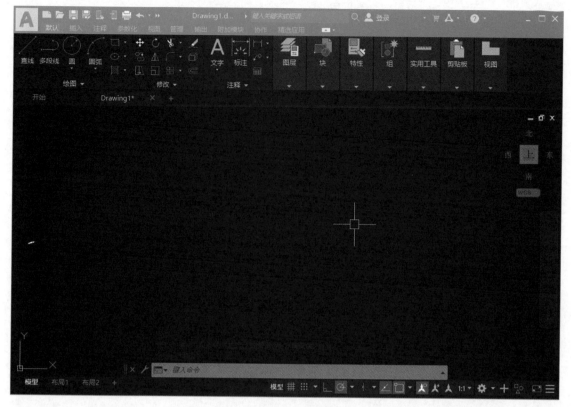

图 1-3　系统默认操作界面

图 1-4　快捷菜单

图 1-5　"选项"对话框

1. 标题栏

AutoCAD 2021 中文版操作界面的最上端是标题栏。标题栏显示了系统当前正在运行的应用程序和用户正在使用的图形文件。在第一次启动 AutoCAD 2021 时,标题栏中将显示 AutoCAD 2021 在启动时创建并打开的图形文件 Drawing1.dwg,如图 1-2 所示。

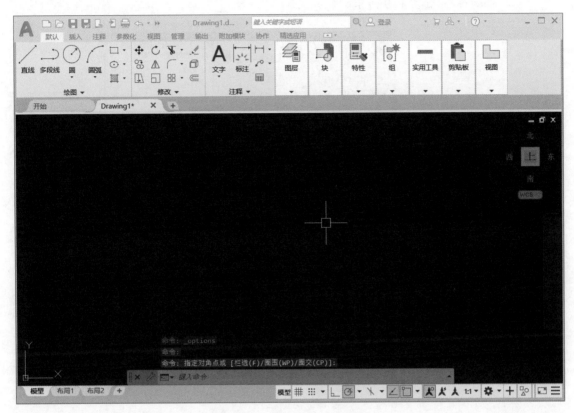

图 1-6　设置完成的明界面

2. 菜单栏

同其他 Windows 操作系统的菜单栏一样,AutoCAD 的菜单也是下拉形式的,并在菜单中包含子菜单,包括"文件""编辑""视图""插入""格式""工具""绘图""标注""修改""参数""窗口"和"帮助"12 个菜单,这些菜单几乎包含了 AutoCAD 的所有绘图命令。

操作实例——设置菜单栏

【操作步骤】

(1) 单击 AutoCAD 2021 快速访问工具栏右侧小三角按钮,在打开的下拉菜单中选择"显示菜单栏"选项,如图 1-7 所示。

(2) 调出的菜单栏位于窗口的下方,如图 1-8 所示。

(3) 单击快速访问工具栏右侧小三角按钮,在打开的下拉菜单中选择"隐藏菜单栏"选项,即可关闭菜单栏。

【知识拓展】

一般来讲,AutoCAD 下拉菜单中的命令有以下 3 种:

（1）带有子菜单的菜单命令。这种类型的菜单命令后面带有小三角按钮。例如，选择菜单栏中的"绘图"→"圆弧"命令，系统就会进一步显示出"圆弧"子菜单中所包含的命令，如图 1-9 所示。

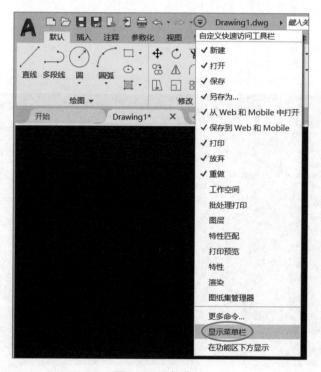

图 1-7　下拉菜单

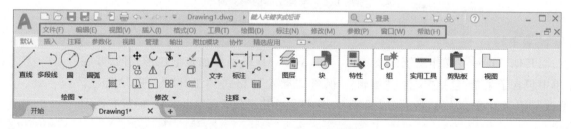

图 1-8　菜单栏的显示窗口

（2）打开对话框的菜单命令。这种类型的菜单命令后面带有省略号。例如，选择菜单栏中的"格式"→"表格样式…"命令（图 1-10），系统就会打开"表格样式"对话框，如图 1-11 所示。

（3）直接执行操作的菜单命令。这种类型的菜单命令后面既不带小三角按钮，也不带省略号，选择该命令将直接进行相应的操作。例如，选择菜单栏中的"视图"→"重画"命令，系统将刷新所有视口。

3. 工具栏

工具栏是一组按钮工具的集合。AutoCAD 提供了几十种工具栏。

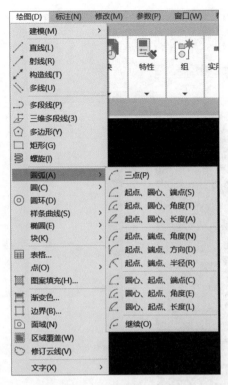

图 1-9　带有子菜单的菜单命令

图 1-10　打开对话框的菜单命令

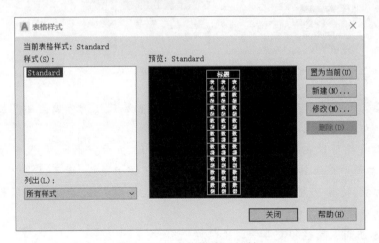

图 1-11　"表格样式"对话框

操作实例——设置工具栏

【操作步骤】

（1）选择菜单栏中的"工具"→"工具栏"→"AutoCAD"命令，单击某一个未在窗口中显示的工具栏（图 1-12），窗口中就会显示该工具栏，如图 1-13 所示；反之，则关闭工具栏。

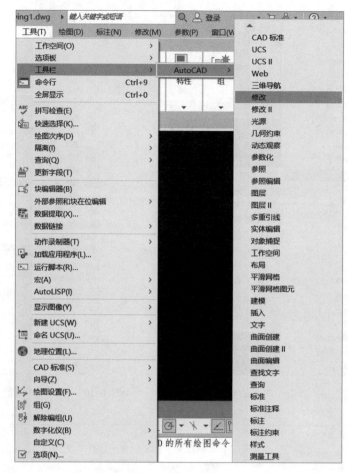

图 1-12　调出工具栏

　　（2）把光标移动到某一个按钮上,稍停片刻即在该按钮的一侧显示相应的功能提示,单击某个按钮就可以启动对应的命令。

　　（3）工具栏可以在绘图区浮动显示,如图 1-13 所示。此时,把鼠标放在工具栏上,可以自动显示该工具栏的标题,并可用鼠标关闭该工具栏,还可以将浮动工具栏拖到绘图区边界,使其变为固定工具栏,此时该工具栏标题隐藏,也可以用鼠标将固定工具栏拖出变成浮动工具栏。

　　4. 快速访问工具栏和交互信息工具栏

　　（1）快速访问工具栏。该工具栏包括"新建""打开""保存""另存为""打印""放弃""重做"等常用的工具。用户也可以单击此工具栏后面的按钮展开下拉列表,选择需要的常用工具。

　　（2）交互信息工具栏。该工具栏包括"搜索""Autodesk A360""Autodesk App Store""保持连接""单击此处访问帮助"等常用的数据交互访问工具按钮。

　　5. 功能区

　　在系统默认的情况下,功能区包括"默认""插入""注释""参数化""视图""管理""输出""附加模块""协作"和"精选应用"选项卡,如图 1-14 所示。每个选项卡集成了相关的操作工具,用户可以单击功能区选项后面的三角形按钮控制功能的展开与收起。

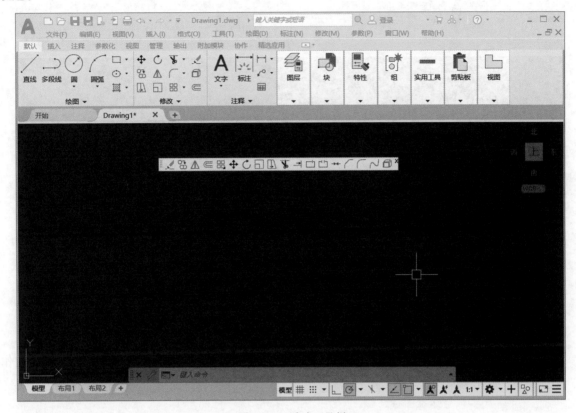

图 1-13　浮动工具栏

图 1-14　系统默认情况下出现的选项卡

操作实例——设置功能区

【操作步骤】

(1) 在面板中任意位置单击鼠标右键,在打开的快捷菜单中选择"显示选项卡"选项,如图 1-15 所示。单击某一个未在功能区显示的选项卡名,系统自动在功能区打开选项卡;反之,关闭选项卡。

(2) 面板可以在绘图区"浮动",如图 1-16 所示。将光标放到浮动面板的右上角,显示"将面板返回到功能区",如图 1-17 所示,单击此处,使其变为固定面板,也可以把固定面板拖出,使其变为浮动面板。

图 1-15　快捷菜单

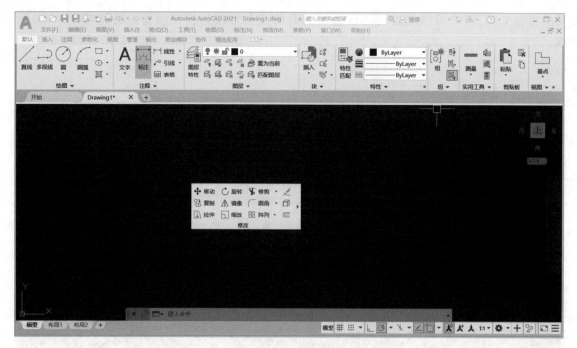

图 1-16　浮动面板

6. 绘图区

绘图区是指标题栏下方的大片空白区域,用于绘制图形。图形的绘制,主要工作是在绘图区完成的。

7. 坐标系图标

在绘图区的左下角,有一个箭头指向的图标,称为坐标系图标,表示用户绘图时正使用的坐标系样式。坐标系图标的作用是为点的坐标确定一个参照系。根据工作需要,也可以选择将其关闭。

8. 命令行窗口

命令行窗口是输入命令名和显示命令提示的区域,默认命令行窗口布置在绘图区下方。对于命令行窗口,有以下几点需要说明:

(1)移动拆分条,可以扩大或缩小命令行窗口。

(2)可以拖动命令行窗口,布置在绘图区的其他位置。

(3)选择菜单栏中的"工具"→"命令行"命令,打开图 1-18 所示的对话框,单击"是"按钮,可以将命令行窗口关闭,如图 1-19 所示;反之,可以打开命令行窗口。

图 1-17　将面板设置为固定面板

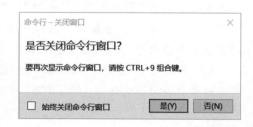

图 1-18　"命令行-关闭窗口"对话框

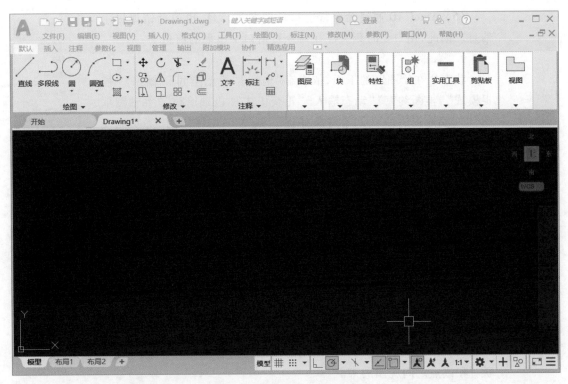

图 1-19　关闭命令行窗口

（4）对当前命令行窗口中输入的内容，可以按<F2>键用文本编辑的方法进行编辑，如图 1-20 所示。AutoCAD 文本窗口和命令行窗口相似，可以显示当前 AutoCAD 进程中命令输入和执行的过程，在执行 AutoCAD 命令时，系统会自动切换到文本窗口，并列出有关信息。

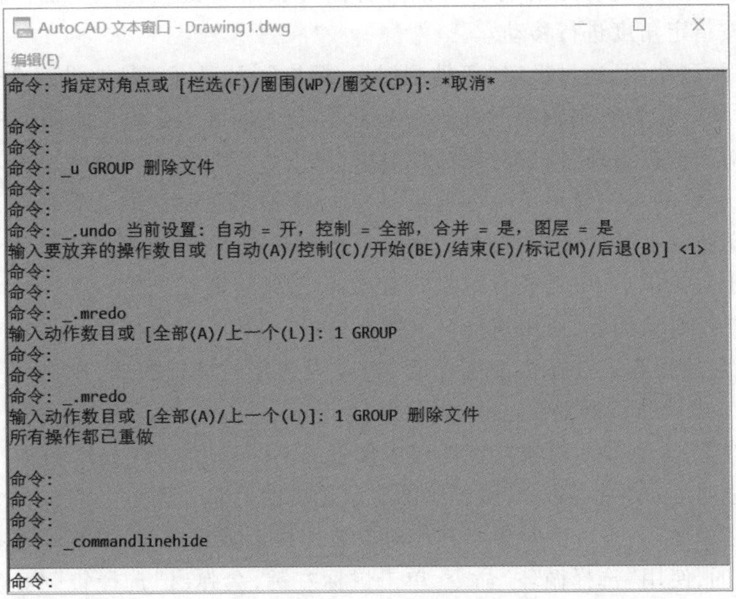

图 1-20　AutoCAD 文本窗口

（5）AutoCAD 通过命令行窗口反馈各种信息，也包括错误提示信息。因此，用户要时刻关注在命令行窗口中出现的信息。

9. 状态栏

状态栏在绘图区的下面，依次有"坐标""模型空间""栅格""捕捉模式""推断约束""动态输入""正交模式""极轴追踪""等轴测草图""对象捕捉追踪""二维对象捕捉""线宽""注释比例"等功能按钮，如图 1-21 所示。单击部分功能按钮，可以实现这些功能的开关。通过部分功能按钮也可以控制图形或绘图区的状态。

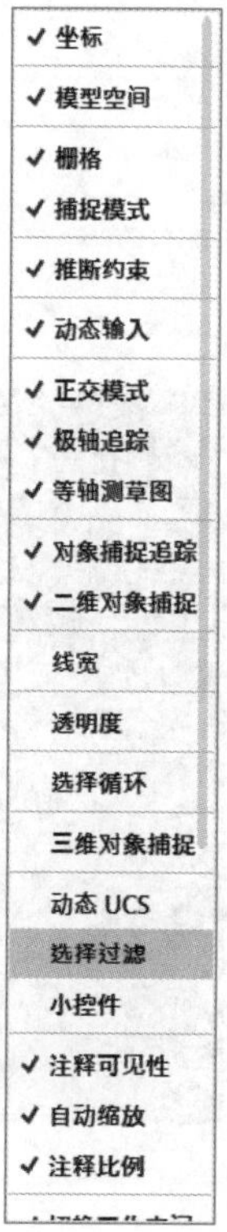

（1）坐标：显示工作区鼠标放置点的坐标。

（2）模型空间：可以在模型空间与布局空间之间进行转换。

（3）栅格：栅格是覆盖整个用户坐标系（UCS）XY 平面的直线或点组成的矩形图案。使用栅格类似于在图形下放置了一张坐标纸，利用栅格可以对齐对象并直观显示对象之间的距离。

（4）捕捉模式：对象捕捉对于在对象上指定精确位置非常重要，可以精确地将图形画到某些点的位置上（如圆心、中点、端点等），从而精确地绘制出图形。

（5）推断约束：自动在正在创建或编辑的对象与对象捕捉的关联对象或点之间应用约束。

（6）动态输入：在光标附近显示一个提示框，工具提示中显示对应的命令提示和光标的当前坐标值。

图 1-21 状态栏

（7）正交模式：将光标限制在水平或垂直方向上移动，便于精确地创建和修改对象，当创建或移动对象时，可以使用正交模式将光标限制在相对于用户坐标系（UCS）的水平或垂直方向上。当正交选中时，使用鼠标只能绘制水平线和垂直线。

（8）极轴追踪：光标跟随着临时的对齐路径去定关键点位的方法。使用极轴追踪，光标将按指定角度进行移动。

（9）等轴测草图：通过设定"等轴测捕捉/栅格"，可以很容易地沿三个等轴测平面之一对齐对象。尽管等轴测图形看似三维图形，但它实际上是由二维图形表示的。

（10）对象捕捉追踪：使用对象捕捉追踪，可以沿着基于对象捕捉点的对齐路径进行追踪。已获取的点将显示一个小加号（+），一次最多可以获取 7 个追踪点。获取点之后，在绘图路径上移动光标，将显示相对于获取点的水平、垂直或极轴对齐路径。例如，可以基于对象端点、中点或者对象的交点，沿着某个路径选择一点。

（11）二维对象捕捉：使用执行对象捕捉设置（也称为对象捕捉），可以在对象上的精确位置指定捕捉点。选择多个选项后，将应用选定的捕捉模式，以返回距离靶框中心最近的点。按<Tab>键则在这些选项之间循环。

（12）线宽：分别显示对象所在图层中设置的不同宽度，而不是统一线宽。

（13）透明度：使用该命令，调整绘图对象显示的明暗程度。

（14）选择循环：当一个对象与其他对象彼此接近或重叠时，准确地选择某一个对象是很困难的，使用"选择循环"命令，单击鼠标左键，会弹出"选择集"列表框，其中列出了单击时周围的图形，然后在列表中选择所需的对象。

（15）三维对象捕捉：三维中的对象捕捉与在二维中工作的方式类似，不同之处在于在三维中可以投影对象捕捉。

（16）动态 UCS：在创建对象时，使 UCS 的 *XY* 平面自动与实体模型上的平面临时对齐。

（17）选择过滤：根据对象特性或对象类型对选择集进行过滤。当单击图标后，系统只选择满足指定条件的对象，其他对象将被排除在选择集之外。

（18）小控件：帮助用户沿三维轴或平面移动、旋转或缩放一组对象。

（19）注释可见性：当图标亮显时，表示显示所有比例的注释性对象；当图标变暗时，表示仅显示当前比例的注释性对象。

（20）自动缩放：注释比例更改时，自动将比例添加到注释对象。

（21）注释比例：单击注释比例右下角的小三角按钮，弹出注释比例列表，可以根据需要选择适当的注释比例。

（22）切换工作空间：进行工作空间转换。

（23）注释监视器：打开仅用于所有事件或模型文档事件的注释监视器。

（24）单位：指定线性和角度单位的格式和小数位数。

（25）快捷特性：控制快捷特性面板的使用与禁用。

（26）锁定用户界面：单击该按钮，可锁定工具栏、面板和可固定窗口的位置和大小。

（27）隔离对象：当选择隔离对象时，在当前视图中显示选定对象，所有其他对象都被暂时隐蔽；当选择隐藏对象时，系统在当前视图中暂时隐藏选定对象，所有其他对象都可见。

（28）图形性能：设定图形卡的驱动程序以及设置硬件加速的选项。

（29）全屏显示：该选项可以清除操作界面中的标题栏、功能区、选项板等界面元素，使 AutoCAD 的绘图窗口全屏显示。

（30）自定义：状态栏可以提供重要信息，而无须中断工作流。使用 MODEMACRO 系统变量可以将应用程序所能识别的大多数数据显示在状态栏中，使用该系统变量的计算、判断和编辑功能可以完全按照用户的要求构造状态栏。

10.布局标签

AutoCAD 系统默认设定一个"模型"空间和"布局 1""布局 2"两个图形空间标签。

11.十字光标

在绘图区域，有一个形似"十"字的光标，称为十字光标，其交点坐标反映了光标在当前坐标系的位置。

操作实例——设置光标大小

【操作步骤】

（1）选择菜单栏中的"工具"→"选项"命令，打开"选项"对话框。

（2）选择"显示"选项卡，如图 1-22 所示。在"十字光标大小"文本框中直接输入数值，也可拖动文本框后面的滑块对十字光标大小进行调整。

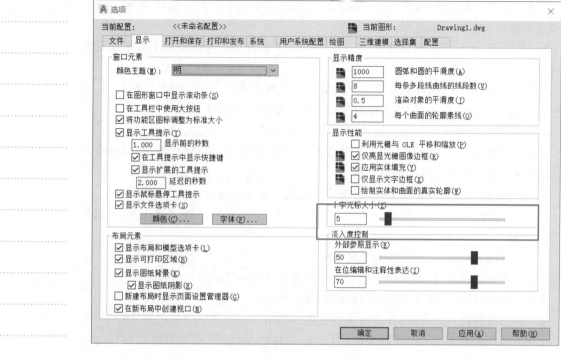

图 1-22   "显示"选项卡

1.2.2   绘图系统

每台计算机所使用的显示器、输入设备和输出设备的类型不同,用户喜好的风格及计算机的目录设置也不同。一般来说,使用 AutoCAD 系统默认设置就可以绘图,但是为了方便用户使用定点设备或打印机,以及提高绘图效率,用户可以在绘图前进行一定的设置。

【命令执行方式】

(1)命令行:OP(OPTIONS)。

(2)菜单栏:"工具"→"选项"命令。

(3)快捷菜单:在绘图区单击鼠标右键,在弹出的快捷菜单中选择"选项"命令,如图 1-23 所示。

"选项"命令的调用方式这里仅介绍以上三种,后续内容中还将介绍其他方式。

图 1-23   快捷菜单

操作实例——修改绘图区颜色

【操作步骤】

在默认情况下,AutoCAD 绘图区的背景都是黑色,很多用户在操作时发现黑色不符合使用习惯,因此根据自身使用习惯对绘图区颜色进行了修改。

(1)选择菜单栏中的"工具"→"选项"命令,打开"选项"对话框,如图 1-22 所示,选择"显示"选项卡,再单击"窗口元素"选项组中的"颜色"按钮,打开"图形窗口颜色"对话框,如图 1-24 所示。

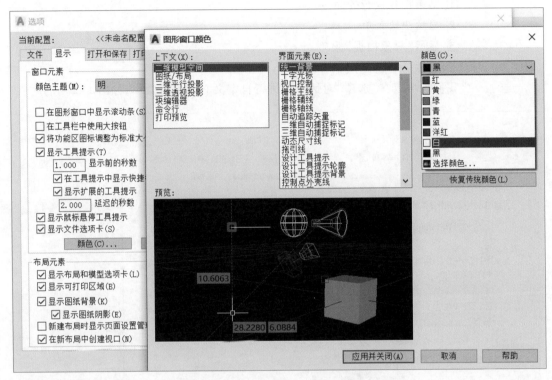

图 1-24 "图形窗口颜色"对话框

（2）在"界面元素"中选择要更换颜色的元素,例如,选择"统一背景"元素,然后在"颜色"下拉列表框中选择需要的窗口颜色,单击"应用并关闭"按钮,此时绘图区背景颜色就更换为刚才所选择的颜色。

"选项"命令还有其他一些选项卡,如"文件""打开和保存""绘图""三维建模""选择集"等。不同的选项卡里面的内容和作用都不一样,用户可以根据需要对选项卡进行设置。例如,选择"选择集"选项卡,可以设置"拾取框大小"和"夹点尺寸"等。其他配置选项在后面用到时再做具体说明。

任务 1.3 AutoCAD 定点设备的操作

1.3.1 鼠标功能的操作

在不同的软件中,鼠标各功能键的定义是不一样的。

1. 双按键鼠标

（1）左键是拾取键,一般用于:

① 指定位置。

② 选择编辑对象。

③ 选择菜单选项、对话框按钮和字段。

（2）右键的操作取决于上下文，它可用于：

① 结束正在执行的命令。

② 显示快捷菜单。

③ 显示"对象捕捉"菜单。

④ 显示"工具栏"对话框。

我们也可以在"选项"对话框中进行自定义右键单击操作，如图1-25所示。

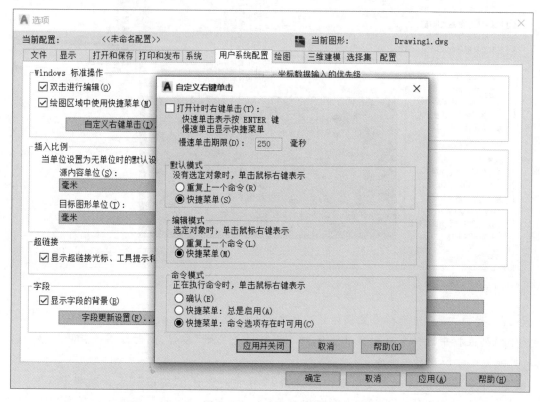

图 1-25　自定义右键单击

2. 滑轮鼠标

在滑轮鼠标两个按键之间有一个小滑轮，滑轮可以转动或按下。不使用任何 AutoCAD 命令，直接使用滑轮即可缩放和平移图形。

1.3.2　功能键的作用

F1——打开帮助菜单　　　　　F2——打开文本窗口

F3——对象捕捉（开、关）　　　F4——三维对象捕捉（开、关）

F5——等轴测平面的转换　　　F6——动态 UCS（开、关）

F7——栅格（开、关）　　　　　F8——正交模式（开、关）

F9——捕捉（开、关）　　　　　F10——极轴（开、关）

F11——对象捕捉追踪（开、关）　F12——DYN 动态输入（开、关）

任务 1.4 　 文 件 管 理

1.4.1 　图形文件的格式

AutoCAD 图形文件的常用格式有以下几种。

1. ∗.dwg 格式

图形文件的基本格式,一般 CAD 图形都保存为此格式。

2. ∗.dws 格式

图形文件的标准格式,为维护图形文件的一致性,可以创建标准文件以定义常用属性。标准为命名对象(如图层和文字样式)定义一组常用特性。

3. ∗.dxf 格式

图形交换文件,dxf 文件是文本或二进制文件,其中包含可由其他 CAD 程序读取的图形信息。如果其他用户正使用能够识别 dxf 文件的 CAD 程序,那么以 dxf 文件保存图形就可以共享该图形。

4. ∗.dwt 格式

样板图文件,用户可以将不同大小的图幅设置为样板图文件,绘图时可以从新建文件中直接调用。

5. ∗.dwf 格式

电子文档格式,可以发布到 Internet 或 Intranet 上,dwf 格式不会压缩图形文件。完成图形后选择下拉菜单:文件→打印→打印机/绘图机(DWF6. eplot. pc3),然后单击"确定"按钮保存。保存后的图形即可发布到 Internet 或 Intranet 上。

6. ∗.bak 格式

图形备份文件格式,也称为"自动保存"文件格式,当原始文件 dwg 格式丢失或者损坏时,可以将 bak 改为 dwg 格式打开文件。

1.4.2 　新建文件

启动 AutoCAD 后,要绘制图形需要新建一个文件,新建文件有以下几种方式。

【命令执行方式】

(1) 命令行:NEW。

(2) 快捷键:<Ctrl+N>。

(3) 菜单栏:"文件"→"新建"命令。

(4) 主菜单:选择主菜单中的"新建"命令。

(5) 工具栏:单击标准工具栏中的"新建"按钮 或快速访问工具栏中的"新建"按钮 。

执行上述操作后,会出现图 1-26 所示的"选择样板"对话框。选择合适的样板,单击"打开"按钮,新建一个图形文件。

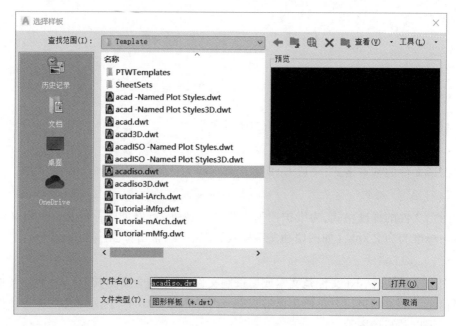

图 1-26   "选择样板"对话框

1.4.3   保存文件

完成图形绘制后或者在绘图过程中都可以保存文件。

【命令执行方式】

（1）命令行：QSAVE（或 SAVE）。

（2）快捷键：<Ctrl+S>。

（3）菜单栏："文件"→"保存"命令。

（4）主菜单：选择主菜单中的"保存"命令。

（5）工具栏：单击标准工具栏中的"保存"按钮📛或快速访问工具栏中的"保存"按钮📛。

执行上述操作后，若文件已命名，则系统自动保存文件；若文件未命令，则会弹出"图形另存为"对话框，如图 1-27 所示，用户可以按照要求命名后保存。在"保存于"下拉列表框中指定保存文件的路径，在"文件类型"下拉列表框中指定保存文件的类型。

【重要提醒】

为了让使用低版本软件的用户能够正常打开绘制的图形，建议保存成低版本。在"文件类型"下拉列表框中选择低版本，如 AutoCAD 2004/LT2004 图形（*.dwg）版本，这样只要是 AutoCAD 2004 以后的版本都能打开图形。

【知识拓展】

在"选项"对话框中有一个重要的功能——自动保存。很多人在操作过程中经常忘记保存或者遇到软件突然崩溃，就认为之前绘制的东西没有了，需要重新绘制。其实不然，打开"选项"对话框，选择"文件"选项卡，在这里面有一项"自动保存文件位置"，如图 1-28 所示，单击它就可以看到自动保存的位置，当然我们也可以修改保存位置，双击文件位置即可弹出图 1-29 所示的对话框，然后根据需要进行修改。

图 1-27　"图形另存为"对话框

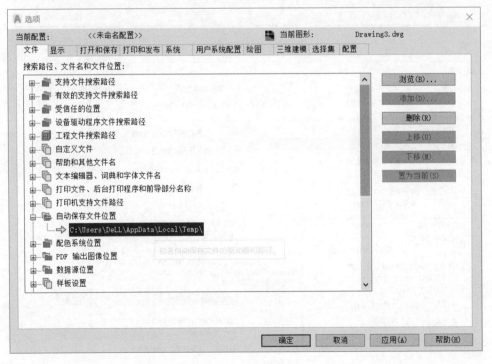

图 1-28　自动保存位置

那么，如何设置自动保存的间隔时间呢？选择"选项"对话框中的"打开和保存"选项卡，在这个界面就可以找到"自动保存"，如图 1-30 所示。要确保"自动保存"是被勾选住的,间隔时间以 5 分钟为宜。自动保存的临时文件扩展名为 ac $ 。如果需要自动保存的临时文件,可以在自动保存文件位置找到这个扩展名,然后将扩展名修改为 dwg 格式即可。

图 1-29　修改自动保存位置

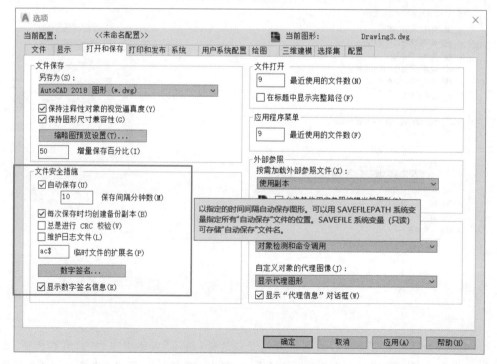

图 1-30　修改自动保存间隔时间

1.4.4　另存文件

已经保存的图形也可以另存为新的文件名。

【命令执行方式】

（1）命令行：SAVEAS。

（2）菜单栏："文件"→"另存为"命令。

（3）主菜单：选择主菜单中的"另存为"命令。

（4）工具栏：单击快速访问工具栏中的"另存为"按钮。

执行上述操作后，弹出"图形另存为"对话框，将文件按要求重命名后保存。

1.4.5　打开文件

可以打开之前自己保存的文件继续编辑，也可以打开别人保存的文件进行学习或借用图形。

【命令执行方式】

（1）命令行：OPEN。

（2）快捷键：<Ctrl+O>。

（3）菜单栏："文件"→"打开"命令。

（4）主菜单：选择主菜单中的"打开"命令。

（5）工具栏：单击标准工具栏中的"打开"按钮或快速访问工具栏中的"打开"按钮。

执行上述操作后，弹出"选择文件"对话框，如图 1-31 所示。

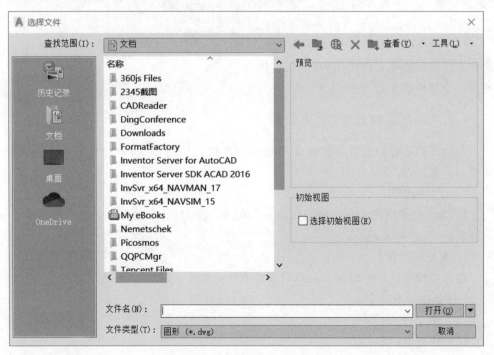

图 1-31　"选择文件"对话框

任务 1.5　基本输入操作

1.5.1　命令输入方式

微课
命令输入方式

AutoCAD 提供了多种命令输入方式。

（1）在命令行输入命令名时，命令字符可不区分大小写。例如直线命令，输入 line 和 LINE，命令行提示操作是相同的。但是有一个前提条件，输入 line 时必须是英文字符，如果输入的是汉字，则不能执行直线命令。

（2）在命令行可输入命令缩写字符，如 L（LINE）、CO（COPY）、C（CIRCLE）、M（MOVE）、A（ARC）、Z（ZOOM）、R（REDRAW）、PL（PLINE）、O（OFFSET）等。

（3）在菜单栏找到对应的命令。例如，选择"绘图"菜单中对应的命令，在命令行窗口中可以看到对应的命令说明及命令名。

（4）在工具栏中单击对应的按钮。例如，单击"绘图"工具栏中的直线命令按钮，在命令行窗口中可以看到直线的命令说明。

（5）在绘图区打开快捷菜单。如果在前面刚使用过要输入的命令，就可以在绘图区单击鼠标右键，打开快捷菜单，在"最近的输入"子菜单中选择需要的命令，如图1-32 所示（此种方法一般不用）。

（6）按＜Enter＞键或者＜Space＞键。这种方法可以重复上次使用的命令，也是调用命令最快的方式。

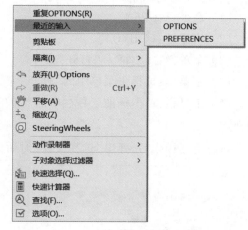

图 1-32　绘图区快捷菜单

1.5.2　命令的重复、撤销和重做

在绘图的过程中经常会重复使用相同命令或者用错命令，下面介绍命令的重复、撤销和重做操作。

1. 命令的重复

按＜Enter＞键或者＜Space＞键，可重复调用上一个命令，无论上一个命令是完成了还是被取消了，都可以调用。

2. 命令的撤销

在命令指定的任何时刻都可以取消或者终止命令。

【命令执行方式】

（1）命令行：UNDO。

（2）快捷键：＜Esc＞。

（3）菜单栏："编辑"→"放弃"命令。

（4）工具栏：单击标准工具栏中的"放弃"按钮  或快速访问工具栏中的"放弃"按钮。

3. 命令的重做

已被撤销的命令恢复重做，可以恢复撤销的最后一个命令。

【命令执行方式】

（1）命令行：REDO（快捷命令为 RE）。

（2）快捷键：<Ctrl+Y>。

（3）菜单栏："编辑"→"重做"命令。

（4）工具栏：单击标准工具栏中的"重做"按钮 或快速访问工具栏中的"重做"按钮。

AutoCAD 2021 可以一次执行多重放弃和重做操作。单击标准工具栏或快速访问工具栏中的"放弃"按钮 或"重做"按钮 后面的小三角按钮，选择要放弃或重做的操作，如图 1-33 所示。

图 1-33 多重放弃选项

1.5.3 坐标输入法

在 AutoCAD 2021 中，点坐标可以用直角坐标、极坐标、球面坐标和柱面坐标表示。每一种坐标又分别具有绝对坐标和相对坐标两种坐标输入方式。其中，直角坐标和极坐标最为常用，具体操作如下。

1. 直角坐标

点的坐标用 X、Y 坐标值来表示。

（1）绝对直角坐标——表示方法"X,Y"。

例如，坐标"20,10"表示输入了一个 X、Y 的坐标值分别为 20、10 的点，表示该点的坐标是相对于当前坐标原点的坐标值，如图 1-34（a）所示。

（2）相对直角坐标——表示方法"@X,Y"。

例如，在命令行输入"@5,10"，表示该点的坐标是相对于前一个点的坐标值，如图 1-34（b）所示。

2. 极坐标

极坐标是指用长度和角度来表示的坐标，只能用来表示二维点的坐标。

（1）绝对极坐标——表示方法"长度<角度"，如 50<30 或 50<-30。其中，长度表示该点到坐标原点的距离，角度表示该点到原点的连线与 X 轴正向的夹角，如图 1-34（c）所示。注：默认逆时针旋转为正，以后凡是与角度相关的旋转方向都是逆时针为正。

（2）相对极坐标——表示方法"@长度<角度"，如@20<45。其中，长度表示该点到前一点的距离，角度表示该点到前一点的连线与 X 轴正向的夹角，如图 1-34（d）所示。

3. 动态输入——DYN

单击状态栏中的"动态输入"按钮，系统打开动态输入功能，可以在绘图区动态地输入某些参数数据。例如，绘制直线时，在光标附近会动态地显示"指定第一个点:",以及后面的坐标框。当前坐标框中显示的是当前光标所在位置的坐标,可以输入数据,两个数据之间用逗号隔开,如图 1-35 所示。指定第一个点后,系统动态显示直线的角度,同时要求输入线段长度值,如图 1-36 所示,其输入效果与"@长度<角度"方式相同。

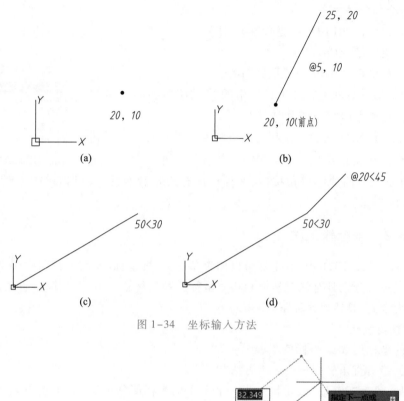

图 1-34   坐标输入方法

图 1-35   动态输入坐标值

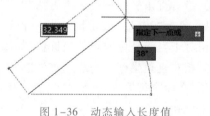

图 1-36   动态输入长度值

4. 点的输入

在绘图过程中,经常需要输入点的位置,AutoCAD 2021 提供了以下几种点的输入方式:

(1)直接在命令行输入点的坐标。直角坐标有两种输入方式:"X,Y"(点的绝对坐标值,如"60,30")和"@X,Y"(相对于上一点的相对坐标值,如"@100,50")。

极坐标的输入方式为"长度<角度",如 80<30 或@80<30(具体操作见前面"极坐标"的内容)。

(2)用鼠标等定点设备移动光标,在绘图区单击鼠标左键直接取点。

(3)用目标捕捉方式捕捉绘图区已有图形的特殊点(如端点、中点、圆心、插入点、垂足点等)。

(4)直接输入距离。先拖动出直线以确定方向,然后输入距离。

（5）距离值的输入。有时需要提供高度、宽度、半径、长度等表示距离的值。Auto-CAD 提供了两种输入距离值的方式：一种是在命令行中直接输入数值；另一种是在绘图区选择两个点，以两个点的距离值确定出所需数值。

操作实例——绘制线段

用相对极坐标的方式绘制一根长度为 100、角度为 30°的线段。

微课
操作实例——绘制线段

【操作步骤】

（1）单击"默认"选项卡"绘图"面板中的"直线"按钮或者在命令行输入 L 后按<Space>键或者<Enter>键。

（2）在绘图区任意一处指定第一个点，然后在绘图区移动光标指明线段的方向，但是不要单击，在命令行输入"@100<30"，这样就可以准确地绘制出长度为 100、角度为 30°的线段，如图 1-37 所示。

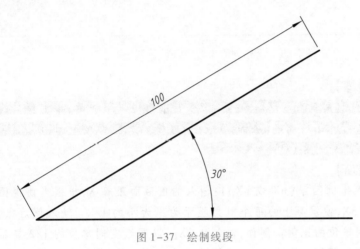

图 1-37　绘制线段

任务 1.6　显示图形

由于屏幕的大小有限，有时为了对图形的细节进行编辑或绘制，需要将图形放大，有时需要全屏显示图形或者改变观察位置。特别提示：图形缩放控制命令仅仅起到观察图形的作用，可以通过放大和缩小操作改变视图的比例，类似于使用相机进行缩放。使用 ZOOM 命令不改变图形中对象的绝对大小，只改变视图的比例。AutoCAD 2021 提供了 11 种图形缩放的方式和 6 种图形平移的方式。

1.6.1　图形缩放

【命令执行方式】

（1）命令行：ZOOM。

（2）菜单栏："视图"→"缩放"→"实时"命令。

（3）工具栏：单击标准工具栏中的"实时缩放"按钮 ±。

（4）功能区：单击"视图"选项卡"导航"面板中的"实时"按钮 ±，如图 1-38 所示。

图 1-38   下拉列表中的"实时"按钮

【操作步骤】

输入 ZOOM(可简化为 Z)命令后,命令行中出现以下提示:指定窗口的角点,输入比例因子(nX 或 nXp),或者[全部(A)/中心(C)/动态(D)/范围(E)/上一个(P)/比例(S)/窗口(W)/对象(O)]<实时>:

【选项说明】

(1)输入比例因子(nX 或 nXp):输入的值后面跟着 X,根据当前视图指定比例。例如,输入 0.5X,使屏幕上的每个对象显示为原大小的 1/2。输入值后跟 Xp,指定相对于图纸空间单位的比例。例如,输入 0.5Xp,以图纸空间单位的 1/2 显示模型空间。创建每个窗口以不同的比例显示对象的布局。输入值,指定相对于图形界限的比例(此选项很少用)。例如,如果缩放到图形界限,则输入 2 将以对象原来尺寸的 2 倍显示对象。

(2)全部(A):在当前窗口中缩放显示整个图形。在平面视图中,所有图形将被缩放到栅格界限和当前范围两者较大的区域中。在三维视图中,"全部缩放"选项与"范围缩放"选项等效。即使图形超出栅格界限也能显示所有对象。

(3)中心(C):缩放显示由中心点和放大比例(或高度)所定义的窗口。高度值较小时增大放大比例;高度值较大时减小放大比例。

(4)动态(D):缩放显示在视图框中的部分图形。视图框表示窗口,可以改变它的大小,或在图形中移动。移动视图框或调整它的大小,将其中图像平移或缩放,以充满整个视图。

(5)范围(E):缩放以显示图形范围并使用所有对象最大显示。

(6)上一个(P):缩放显示上一个视图。最多可恢复此前的 10 个视图。

(7)窗口(W):缩放显示由两个角点定义的矩形窗口框定的区域。此种方法用得较多。

（8）对象（O）：缩放以便尽可能大地显示一个或多个选定的对象，并使其位于绘图区域的中心。

（9）实时：利用定点设备，在逻辑范围内交互缩放。

1.6.2　图形平移

【命令执行方式】

（1）命令行：PAN。

（2）菜单栏："视图"→"平移"→"实时"命令

（3）工具栏：单击标准工具栏中的"实时平移"按钮🖐。

（4）功能区：单击"视图"选项卡"导航"面板中的"平移"按钮🖐，如图1-39所示。

图1-39　"导航"面板中的"平移"按钮

单击"实时平移"按钮，然后移动手形光标即可平移图形，当移动到图形的边沿时，光标就变成一个三角形。

另外，在 AutoCAD 2021 中，为显示控制命令设置了一个右键快捷菜单。通过该菜单可以在显示命令执行的过程中进行切换。

任务 1.7　AutoCAD 对象

1.7.1　对象的概念

AutoCAD 中包括点、线、圆、圆弧、多边形、文字、剖面线、尺寸等对象，编辑图形是以对象为单位来进行操作的。对象也可以称为实体，当对象被选中时，会出现若干个蓝色小方框，称为夹点，如图1-40所示。

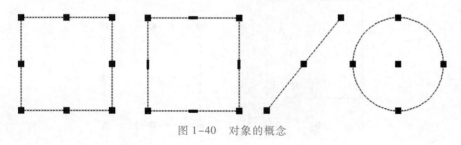

图1-40　对象的概念

1.7.2　选择对象的方式

选择对象的方式有很多种，本书只介绍常用的四种方式，其余的选择方式可参考帮助系统。

微课
对象选择

1. 单选

这是最基本也是较常用的一种选择方式,当前执行某一编辑命令时,命令行中会出现选择对象的提示,并且光标也变成拾取框,用户可以用拾取框直接单击对象,选择完后继续提示选择对象,如果不选即可按<Enter>键或者<Space>键结束。

2. 窗口选择方式(Window)——W 窗口选择方式

这种方式必须将图形全部放到矩形窗口中(浅蓝色)才能被选中。单击鼠标左键后松开,然后从左向右拖动光标即可出现选择窗口,如图 1-41 所示。可从左上→右下或左下→右上来选择需要选中的对象。当所选物体都在窗口内时,再单击鼠标左键确认。

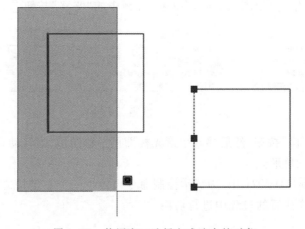

图 1-41　使用窗口选择方式选中的对象

3. 交叉窗口选择方式(Crossing)——C 窗口选择方式

这种方式只要图形与矩形窗口交叉就能被选中。同样是单击鼠标左键后松开,然后从右向左拖动光标即可出现选择窗口,如图 1-42 所示。当所选物体和窗口交叉时,即可单击鼠标左键确认。可从右上→左下或右下→左上来选择需要选中的对象。

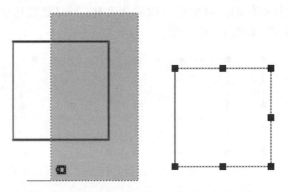

图 1-42　使用交叉窗口选择方式选中的对象

4. 全部选择方式(ALL)

此种方式需要在执行编辑命令之后使用,即编辑命令后,在选择对象的提示下输入 ALL,即可全部选中对象。

1.7.3　放弃对象的选择

如果要放弃选中的对象,可采用以下两种方式:

(1) 全部放弃可按<Esc>键。

(2) 放弃某一个对象的选择,可以按住<Shift>键,然后再选择要放弃的对象。

1.7.4　删除对象

选择对象是整个绘图工作的基础,若画完图形后要删除,可选中要删除的对象,然后采用以下几种操作方式删除对象:

(1) 按<Delete>键。

(2) 命令行:ERASE(快捷命令为 E)。

(3) 修改工具栏:✐。

(4) 选择对象后,单击鼠标右键也可以选择删除。

1.7.5　恢复删除对象

如果在绘图过程中意外删错了对象,可以使用 UNDO 命令或 OOPS 命令恢复意外删除的对象。OOPS 命令可以恢复由上一个 ERASE 命令删除的对象。

任务 1.8　AutoCAD 精确绘图操作

AutoCAD 最大的特点就是精确绘图,那么如何才能精确地绘制出一个图形呢? 这就需要使用大量的辅助绘图工具。本任务主要介绍精确绘图的相关知识及操作,使用户了解并熟练掌握栅格、正交、对象捕捉等工具的使用,并能将各工具应用到图形绘制过程中。

1.8.1　精确定位工具

精确定位工具是指能够快速、准确地定位某些特殊点(如端点、圆心、中点等)和特殊位置(如水平位置、垂直位置)的工具。

1. 栅格显示

栅格是点矩阵,遍布在指定为图形栅格界限的整个区域。使用栅格类似于在图形下放置一张坐标纸。利用栅格可以对齐对象并直观显示对象之间的距离。但是在打印图形时,不打印栅格。如果放大或缩小图形,可能需要调整栅格间距,使其更适合新的放大比例。

【命令执行方式】

(1) 命令行:GIRD。

(2) 状态栏:单击状态栏中的"栅格"按钮▦(仅限于打开与关闭栅格,不能修改参数)。

(3) 菜单栏:"工具"→"绘图设置"命令。

(4) 快捷键:<F7>(仅限于打开与关闭栅格,不能修改参数)。

【操作步骤】

右击状态栏中的"栅格"按钮▦后,单击"网格设置"可以弹出图 1-43 所示的对话框,或者选择菜单栏中的"工具"→"绘图设置"命令,系统会弹出"草图设置"对话框,选择"捕捉和栅格"选项卡即可。

图 1-43 "捕捉和栅格"选项卡

【选项说明】

(1)"启用栅格"复选框:打开或关闭显示栅格。

(2)"栅格样式"选项组:用于在二维空间中设定栅格样式。

① 二维模型空间:将二维模型空间的栅格样式设定为点栅格。

② 块编辑器:将块编辑器的栅格样式设定为点栅格。

③ 图纸/布局:将图纸和布局的栅格样式设定为点栅格。

(3)"栅格间距"选项组。"栅格 X 轴间距"和"栅格 Y 轴间距"文本框分别用于设置栅格在水平与垂直方向的间距。如果"栅格 X 轴间距"和"栅格 Y 轴间距"设置为 0,则 AutoCAD 2021 系统会自动将捕捉的栅格间距应用于栅格,且其原点和角度总是与捕捉栅格的原点和角度相同。

(4)"栅格行为"选项组。

① 自适应栅格:缩小时,显示栅格密度。如果勾选"允许以小于栅格间距的间距再拆分"复选框,则图像在放大时,系统会生成更多间距更小的栅格线。

② 显示超出界限的栅格:显示超出图形界限指定的栅格。

③ 遵循动态 UCS:更改栅格平面以跟随动态 UCS 的 XY 平面。

2. 捕捉模式

为了准确地在绘图区捕捉点,AutoCAD 2021 提供了捕捉工具,可以在绘图区生成一个隐含的栅格(捕捉栅格),这个栅格能够捕捉光标,约束光标只能落在栅格的某一个节点上,使用户能够高精度地捕捉和选择这个栅格上的点。

【命令执行方式】

（1）状态栏：单击状态栏中的"捕捉模式"按钮▦（仅限于打开与关闭，不能修改参数）。

（2）菜单栏："工具"→"绘图设置"命令。

（3）快捷键：<F9>（仅限于打开与关闭，不能修改参数）。

【操作步骤】

右击状态栏中的"捕捉模式"按钮▦后，单击"捕捉设置"可以弹出图 1-43 所示的对话框，或者选择菜单栏中的"工具"→"绘图设置"命令，系统会弹出"草图设置"对话框，选择"捕捉和栅格"选项卡即可。

【选项说明】

（1）"启用捕捉"复选框：打开或关闭显示捕捉。

（2）"捕捉间距"选项组：用于设置捕捉参数，其中，"捕捉 X 轴间距"和"捕捉 Y 轴间距"文本框分别用于设置捕捉栅格点在水平与垂直两个方向上的间距。

（3）"极轴间距"选项组：可在"极轴距离"文本框中输入距离值，也可以在命令行中输入 SNAP 命令，设置捕捉的相关参数。

（4）"捕捉类型"选项组：确定捕捉类型和样式。

① 栅格捕捉：按正交位置捕捉位置点，分为"矩形捕捉"和"等轴测捕捉"两种方式。在"矩形捕捉"方式下捕捉栅格里以标准的矩形显示；在"等轴测捕捉"方式下捕捉，栅格和光标十字线不再相互垂直，而是呈现绘制等轴测图时的特定角度，一般在绘制等轴测图时使用。

② PolarSnap：可以根据设置的任意极轴角捕捉位置点。

3．正交模式

在绘图过程中，经常需要绘制水平直线或者垂直直线，但是直接绘制时很难绘制出来。因此，AutoCAD 提供了正交模式，当启用正交模式时，画线或者移动对象时只能沿水平或者垂直方向移动，也只能绘制横平竖直的线段。

【命令执行方式】

（1）命令行：OPTHO。

（2）状态栏：单击状态栏中的"正交模式"按钮⌐。

（3）快捷键：<F8>（仅限于打开与关闭，不能修改参数）。

1.8.2　对象捕捉

在绘图时可能会有这样的感觉，要精确地将图形画到某些点的位置上（如圆心、切点、端点、中点等）是十分困难的，甚至根本不可能。为了解决这样的问题，AutoCAD 提供了对象捕捉功能，利用该功能可以迅速、准确地捕捉到某些特殊点，从而精确地绘制出图形。对象捕捉共有 18 种模式，图 1-44 所示的是对象捕捉常用的 14 种模式。

微课
对象捕捉

1．对象捕捉设置

在绘图之前或者绘图过程中，可以根据需要设置开启一些对象捕捉模式，从而加快绘图速度，提高绘图质量。

【命令执行方式】

（1）命令行：DDOSNAP。

（2）状态栏：单击状态栏中的"对象捕捉"按钮▢（仅限于打开与关闭，不能修改参数）。

（3）菜单栏："工具"→"绘图设置"命令。

（4）工具栏：单击"对象捕捉"工具栏中的"对象捕捉设置"按钮。

（5）快捷键：<F3>（仅限于打开与关闭，不能修改参数）。

（6）快捷菜单：按住<Shift>键后单击鼠标右键，在弹出的快捷菜单中选择"对象捕捉设置"命令。

输入命令之后，弹出"草图设置"对话框，选择"对象捕捉"选项卡，如图 1-44 所示。

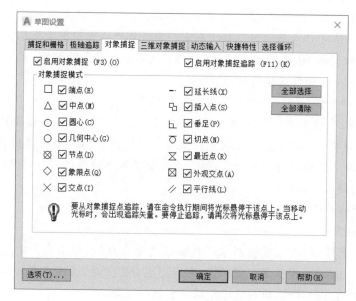

图 1-44 "对象捕捉"选项卡

【选项说明】

（1）"启用对象捕捉"复选框：勾选该复选框，在"对象捕捉模式"选项组中被选中的捕捉模式处于激活状态。

（2）"启用对象捕捉追踪"复选框：打开或关闭自动追踪功能。

（3）"对象捕捉模式"选项组：该选项组中列出了各种捕捉模式的复选框，如端点、中点、圆心等，勾选的复选框说明该捕捉模式处于激活状态。单击"全部选择"按钮，则所有模式均被选中；单击"全部清除"按钮，则所有模式均被清除。

（4）"选项"按钮：单击该按钮可以打开"选项"对话框的"绘图"选项卡，可对捕捉模式的参数进行设置。

2. 特殊位置点捕捉

在绘制图形时，有时需要指定一些特殊位置的点，如圆心、端点、中点、切点等，这就需要通过对象捕捉功能来捕捉这些点，如表 1-1 所示。

表 1-1　特殊位置点捕捉

捕捉模式	快捷命令	功能
临时追踪点	TT	建立临时追踪点
两点之间的中点	M2P	捕捉两个独立点之间的中点
自	FRO	与其他捕捉方式配合使用,建立一个临时参考点作为指出后继点的基点
中点	MID	用来捕捉对象(如线段或圆弧等)的中点
圆心	CEN	用来捕捉圆或圆弧的圆心
节点	NOD	捕捉用 POINT 或 DIVIDE 等命令生成的点
象限点	QUA	用来捕捉距光标最近的圆或圆弧上可见部分的象限点,即圆周上 0°、90°、180°、270° 位置上的点
交点	INT	用来捕捉对象(如线段、圆弧或圆等)的交点
延长线	EXT	用来捕捉对象延长路径上的点
插入点	INS	用来捕捉块、形、文字、属性、属性定义等对象的插入点
垂足	PER	在线段、圆、圆弧或其延长线上捕捉一个点,与最后生成的点形成连线,与该线段、圆或圆弧正交
切点	TAN	最后生成的一个点到选中的圆或圆弧上引切线,切线与圆或圆弧的交点
最近点	NEA	用来捕捉离拾取点最近的线段、圆、圆弧等对象上的点
外观交点	APP	用来捕捉两个对象在视图平面上的交点。若两个对象没有直接相交,则系统自动计算其延长后的交点;若两个对象在空间上为异面直线,则系统计算其投影方向上的交点
平行线	PAR	用来捕捉与指定对象平行方向上的点
无	NON	关闭对象捕捉模式
对象捕捉设置	OSNAP	设置对象捕捉

AutoCAD 提供了命令行、工具栏和右键快捷菜单 3 种执行特殊点对象捕捉的方法。

在使用特殊位置点捕捉的快捷命令前,必须先选择绘制对象的命令或工具,再在命令行中输入其快捷命令。

1.8.3　自动追踪

自动追踪是指按指定角度或与其对象建立指定关系进行对象的绘制。利用自动追踪功能可以对齐路径,有助于以精确的位置和角度创建对象。自动追踪包括"对象捕捉追踪"和"极轴追踪"。其中,"对象捕捉追踪"是指以捕捉到的特殊位置点为基点,按指定的极轴角或极轴角的倍数对齐要指定点的路径;"极轴追踪"是指按指定的极轴角或极轴角的倍数对齐要指定点的路径。

微课
对象追踪

1. 对象捕捉追踪

"对象捕捉追踪"必须配合"对象捕捉"一起使用,即状态栏中的"对象捕捉"和"对象捕捉追踪"均处于打开状态。

【命令执行方式】

(1)命令行:DDOSNAP。

(2)状态栏:单击状态栏中的"对象捕捉"按钮和"对象捕捉追踪"按钮,或者单击"极轴追踪"右侧的下拉按钮,在弹出的下拉列表中选择"正在追踪设置"选项,如图 1-45 所示。

(3)菜单栏:"工具"→"绘图设置"命令。

(4)工具栏:单击"对象捕捉"工具栏中的"对象捕捉设置"按钮。

(5)快捷键:<F11>。

【操作步骤】

按照上面的执行方式操作或者右击"对象捕捉"按钮或"对象捕捉追踪"按钮,在弹出的"草图设置"对话框中选择"对象捕捉"选项卡,勾选"启用对象捕捉追踪"复选框,即可完成"对象捕捉追踪"设置。

2. 极轴追踪

"极轴追踪"也必须配合"对象捕捉"一起使用,即状态栏中的"对象捕捉"和"极轴追踪"均处于打开状态。

【命令执行方式】

(1)命令行:DDOSNAP。

(2)状态栏:单击状态栏中的"对象捕捉"按钮和"极轴追踪"按钮。

(3)菜单栏:"工具"→"绘图设置"命令。

(4)工具栏:单击"对象捕捉"工具栏中的"对象捕捉设置"按钮。

(5)快捷键:<F10>。

【相关说明】

极轴追踪是光标跟随着临时的对齐路径去定关键点位的方法。使用极轴追踪,光标将按指定角度进行移动。下面是有关极轴追踪的基本定义:

对齐路径:临时的虚线(类似于构造线),光标能够沿着该线追踪。

极轴追踪:光标将按指定角度进行移动。可以使用极轴追踪沿着 90°、45°、30°、22.5°、18°、15°、10° 和 5° 的极轴角增量进行追踪,也可以指定其他角度。创建或者修改对象时,可以使用"极轴追踪"以显示由指定的极轴角度所定义的临时对齐路径。

控制自动追踪设置:追踪光标沿设定的角度增量出现对齐线。如果打开极轴追踪指定点,光标将沿在"极轴追踪"选项卡上相对于极轴追踪起点设置的极轴对齐角度进行捕捉。例如,将极轴角度设置为 45°,那么移动鼠标时极轴就会每隔 45° 显示 45° 倍数的角度,如图 1-46 所示。

【操作步骤】

按照上面的执行方式操作或者右击"对象捕捉"按钮或"对象捕捉追踪"按钮,在弹出的"草图设置"对话框中选择"极轴追踪"选项卡,勾选"启用极轴追踪"复选框,设置增量角为 45°,如图 1-47 所示。用户可以根据需要设置不同的极轴角度。

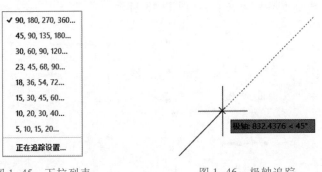

图 1-45　下拉列表　　　　图 1-46　极轴追踪

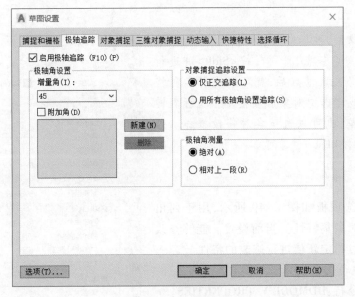

图 1-47　极轴设置

　　增量角:设置用来显示极轴追踪对齐路径的极轴角度增量。可以输入任何角度,也可以从列表中选择 90°、45°、30°、22.5°、18°、15°、10° 或 5° 这些常用的角度。如果设置为 45°,那么每增加 45°,在绘图屏幕上就将显示极轴对齐路径和角度提示。

　　附加角:对极轴追踪使用列表中的任何一种附加角度。附加角度是绝对的,而非增量的。如果设置为 20°,则只在 20° 方向显示极轴对齐路径和角度提示。

1.8.4　夹点操作

　　利用 AutoCAD 的夹点功能,可以很方便地对实体进行拉伸、移动、旋转、缩放、镜像等修改操作。

【命令执行方式】

(1) 命令行:DDGRIPS。

(2) 下拉菜单:"工具"→"选项"→"选择"命令。

【操作步骤】

首先点取欲修改的对象(可以同时点取多个对象),被点取的对象会出现若干个蓝色的小方格,这些小方格称为夹点,如图 1-48 所示。

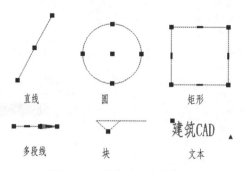

直线   圆   矩形

多段线   块   文本

图 1-48   部分对象夹点位置

选中对象后,再单击夹点确定夹点基点,若要确定多个夹点基点,可同时按<Shift>键进行选择。选择好夹点基点后,就可以进行各种修改操作了。或者选中对象后直接单击鼠标右键弹出快捷菜单,也可以进行各种修改操作。若取消夹点,则按<Esc>键即可。

1.8.5   特性

"特性"选项板如图 1-49 所示,用于列出选定对象或对象集特性的当前设置。能够修改任何可以通过指定新值进行修改的特性。

【命令执行方式】

(1)命令行:DDMODIFY、PROPERTIES。

(2)下拉菜单:"修改"→"特性"命令。

(3)快捷键:<Ctrl+1>。

【操作步骤】

调用命令后出现图 1-49 所示的选项板,这时可选择要修改的对象,选项板中即可出现所修改对象的各种特性,可根据新的要求修改对象的特性。

图 1-49   "特性"选项板

单元 2

基本绘图命令和编辑方法

🖉 ....

学习内容

本单元的任务是分类学习二维绘图中常用的绘图命令与编辑命令,以及文字的输入、尺寸标注、块及其属性、图案填充等命令。

基本要求

本单元是全书的重点,通过学习和实训,熟练掌握基本的绘图、编辑、文字输入、尺寸标注、插入块和图案填充等命令,能够熟练运用这些命令完成一般复杂程度平面图形的绘制和正等轴测图的绘制。

任务 2.1　二维绘图命令

2.1.1　直线命令

【命令执行方式】

(1) 命令行:LINE(快捷命令为 L)。

(2) 菜单栏:"绘图"→"直线"命令。

(3) 工具栏:单击"绘图"工具栏中的"直线"按钮 ╱。

(4) 功能区:单击"默认"选项卡"绘图"面板中的"直线"按钮 ╱。

【相关说明】

LINE 命令的作用是创建直线对象,命令发布后命令行提示如下:

LINE 指定第一点:(指定线段的起始点,若此时直接按<Enter>键,AutoCAD 将以上一次绘制线段或圆弧的终点作为新线段的起点,如果是刚开始绘制图形,则会提示"没有直线或圆弧可连续")

指定下一点或[放弃(U)]:(指定线段的终点,输入 U 并按<Enter>键,将取消上一条线段,指定线段的终点,系统默认该点是下一线段的起点)

指定下一点或[闭合(C)/放弃(U)]:(输入 C 并按<Enter>键,将当前终点与最初的起点连接,使连续的线段自动闭合)

微课
直线构成的图形、A4 图框

【操作实例】

绘制由线段构成的图形,如图 2-1 所示;绘制 A4 图框标题。

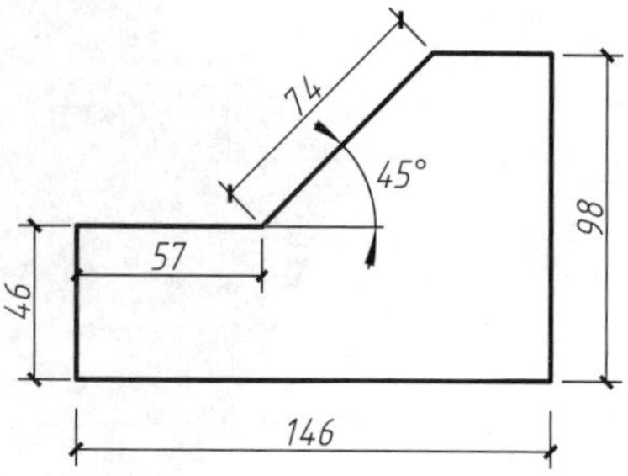

2.1.2 矩形命令

【命令执行方式】

(1) 命令行:RECTANG(快捷命令为 REC)。

(2) 菜单栏:"绘图"→"矩形"命令。

(3) 工具栏:单击"绘图"工具栏中的"矩形"按钮□。

(4) 功能区:单击"默认"选项卡"绘图"面板中的"矩形"按钮□。

【相关说明】

RECTANG 命令的作用是创建矩形对象,命令发布后命令行提示如下:

指定第一个角点或[倒角(C)/高程(E)/圆角(F)/厚度(T)/宽度(W)]:

指定另一个角点或[面积(A)/尺寸(D)/旋转(R)]:

"倒角(C)/高程(E)/圆角(F)/厚度(T)/宽度(W)"等选项的意义如图 2-2 所示。

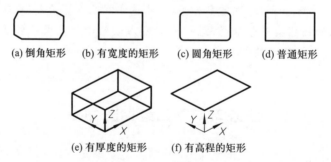

图 2-1　由线段构成的图形

(a) 倒角矩形　(b) 有宽度的矩形　(c) 圆角矩形　(d) 普通矩形

(e) 有厚度的矩形　(f) 有高程的矩形

图 2-2　各种矩形

"面积(A)"选项是在指定了矩形的第一个角点后,再输入矩形的面积,然后输入矩形的长度或宽度绘制矩形。

"尺寸(D)"选项是在指定了矩形的第一个角点后,再分别输入矩形的长度和宽度。有 4 个位置可以定位矩形,最后确定放置位置。

"旋转(R)"选项是在指定了矩形的第一个角点后,再输入旋转矩形的角度,然后可以根据前面介绍的方法绘制具有一个旋转角度的矩形。

【操作实例】

绘制 A3 图框。

2.1.3　圆命令

【命令执行方式】

(1) 命令行:CIRCLE(快捷命令为 C)。

(2) 菜单栏:"绘图"→"圆"命令(如图 2-3 所示)。

微课
矩形命令绘制 A3
图框

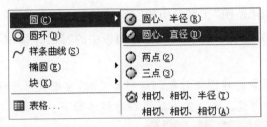

图 2-3　圆菜单

(3) 工具栏:单击"绘图"工具栏中的"圆"按钮 。

(4) 功能区:单击"默认"选项卡"绘图"面板中的"圆"按钮。

【相关说明】

CIRCLE 命令的作用是创建圆对象。绘制圆时,应根据需要通过菜单或命令行的提示选择绘制圆的方式。命令发布后命令行提示如下:

指定圆的圆心或［三点(3P)/两点(2P)/相切、相切、半径(T)］:

(1) "圆心、半径"方法是用指定的圆心和给定的半径值来绘制圆,这是绘制圆的默认方式。

(2) "圆心、直径"方法是用指定的圆心和给定的直径值来绘制圆。

(3) "三点(3P)"方法是用指定的圆周上的三点来绘制圆。

(4) "两点(2P)"方法是用指定的圆直径上的两个端点来绘制圆。

(5) "相切、相切、半径(T)"方法是用来绘制与两个已知对象相切,且半径为给定值的圆。

(6) "相切、相切、相切"方法是用来绘制与三个已知对象相切的圆。

【操作实例】

绘制圆弧连接类图形,如图 2-4(a)所示;绘制与三角形三边相切的圆,如图 2-4(b)所示。

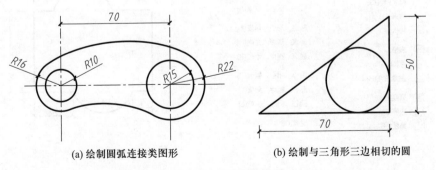

(a) 绘制圆弧连接类图形　　　　(b) 绘制与三角形三边相切的圆

图 2-4　圆的绘制

2.1.4 圆弧命令

【命令执行方式】

(1) 命令行：ARC(快捷命令为 A)。

(2) 菜单栏："绘图"→"圆弧"命令(如图 2-5 所示)。

(3) 工具栏：单击"绘图"工具栏中的"圆弧"按钮 ⌒ 。

(4) 功能区：单击"默认"选项卡"绘图"面板中的"圆弧"按钮 ⌒ 。

【相关说明】

ARC 命令的作用是创建圆弧对象。绘制圆弧时,应根据需要通过菜单或命令行的提示选择绘制圆弧的方式。命令发布后命令行提示如下：

ARC 指定圆弧的起点或[圆心(C)]:

AutoCAD 提供了 11 种绘制圆弧的方式。

(1) "三点"方法是通过三个点来绘制圆弧,这是绘制圆弧的默认方式。

(2) "起点、圆心、端点"方法是用指定的起点、圆心和端点来绘制圆弧。

(3) "起点、圆心、角度"方法是用指定的起点、圆心和指定夹角来绘制圆弧。

(4) "起点、圆心、长度"方法是用指定的起点、圆心和指定的弦长来绘制圆弧。

(5) "起点、端点、角度"方法是用指定的起点、端点和指定夹角来绘制圆弧。

(6) "起点、端点、方向"方法是用指定的起点、端点和指定圆弧起点的相切方向来绘制圆弧。

(7) "起点、端点、半径"方法是用指定的起点、端点和指定半径来绘制圆弧。

(8) "圆心、起点、端点"方法是用指定的圆心、起点、端点来绘制圆弧。

(9) "圆心、起点、角度"方法是用指定的圆心、起点和指定夹角来绘制圆弧。

(10) "圆心、起点、长度"方法是用指定的圆心、起点和指定弦长来绘制圆弧。

(11) "继续"方法是用来在原始圆弧上继续以原绘制方式来绘制圆弧。

【操作实例】

绘制图 2-6 所示的图形。

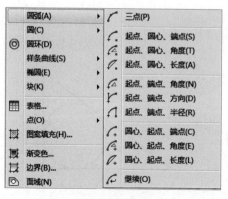

图 2-5　圆弧菜单

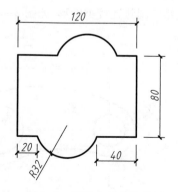

图 2-6　圆弧命令的操作

注意：圆弧默认的绘图旋转方向是逆时针。

2.1.5　椭圆命令

【命令执行方式】

（1）命令行：ELLIPSE（快捷命令为 EL）。

（2）菜单栏：“绘图”→“椭圆”命令（如图 2-7 所示）。

（3）工具栏：单击“绘图”工具栏中的“椭圆”按钮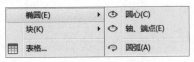。

（4）功能区：单击“默认”选项卡“绘图”面板中的“椭圆”按钮。

图 2-7　椭圆菜单

【相关说明】

ELLIPSE 命令的作用是创建椭圆对象。绘制椭圆时,应根据需要通过菜单或命令行的提示选择绘制椭圆的方式。命令发布后命令行提示如下：

ELLIPSE 指定椭圆的轴端点或［圆弧（A）／中心点（C）］：

（1）“圆心”方法是通过指定椭圆的中心点、轴的端点和另一条半轴长度来绘制椭圆。

（2）“轴、端点”方法是通过指定一条轴的两个端点和另一条半轴长度来绘制椭圆。

（3）“圆弧”方法是通过指定一条轴的两个端点、另一条半轴长度以及指定起点角度和端点角度来绘制椭圆弧。

2.1.6　椭圆弧命令

【命令执行方式】

（1）命令行：ELLIPSE。

（2）菜单栏：“绘图”→“椭圆”→“圆弧”命令。

（3）工具栏：单击“绘图”工具栏中的“椭圆弧”按钮。

（4）功能区：单击“默认”选项卡“绘图”面板中的“椭圆弧”按钮。

【相关说明】

椭圆弧命令与椭圆中的“圆弧”方法相同。命令发布后命令行提示如下：

ELLIPSE 指定椭圆弧的轴端点或［中心点（C）］：

2.1.7　多边形命令

【命令执行方式】

（1）命令行：POLYGON（快捷命令为 POL）。

（2）菜单栏：“绘图”→“多边形”命令。

（3）工具栏：单击“绘图”工具栏中的“多边形”按钮。

（4）功能区：单击“默认”选项卡“绘图”面板中的“多边形”按钮。

【相关说明】

POLYGON 命令的作用是创建正多边形对象。命令发布后命令行提示如下：

POLYGON 输入侧面数<4>：

绘制多边形边数的范围为 3～1 024。绘制多边形可以采用两种方式，第一种方式是知道圆的半径，然后选择内接或外切的方式绘制；第二种方式是知道多边形的边长，根据边长进行绘制，选用边长绘制多边形时要注意，多边形默认的绘制方向也是逆时针，如图 2-8 所示。

微课
多边形的画法

(a) 内接与外切的画法   (b) 选用边长的画法

图 2-8   多边形的画法

2.1.8   多段线命令

多段线是作为单个对象创建的相互连接的线段组合图形，它是一个整体，可以由直线段、圆弧段或两者的组合线段组成，并且可以是任意开放或封闭的图形。可以绘制直线箭头和弧形箭头。

【命令执行方式】

(1) 命令行：PLINE(快捷命令为 PL)。

(2) 菜单栏："绘图"→"多段线"命令。

(3) 工具栏：单击"绘图"工具栏中的"多段线"按钮。

(4) 功能区：单击"默认"选项卡"绘图"面板中的"多段线"按钮。

【相关说明】

PLINE 命令的作用是创建多段线对象，命令发布后命令行提示如下：

PLINE 指定起点：(指定多段线的起始点，若此时直接按<Enter>键，AutoCAD 将以上一次绘制线段或圆弧的终点作为新线段的起点，如果是刚开始绘制图形，则会以坐标原点为起点)

指定下一点或[圆弧(A)/闭合(C)/半宽(H)/长度(L)/放弃(U)/宽度(W)]：(指定多段线的下一个点，可连续绘制)

"圆弧(A)"选项可以绘制圆弧，输入"A"之后命令行提示：指定圆弧的端点(按住<Ctrl>键以切换方向)或[角度(A)/圆心(CE)/闭合(CL)/方向(D)/半宽(H)/直线(L)/半径(R)/第二个点(S)/放弃(U)/宽度(W)]。

"闭合(C)"选项可以使不在一条线上的两条线段首尾相连。

"半宽(H)"选项可以设置多段线的宽度，输入的值为多段线宽度的一半，类似于半径。

"宽度(W)"选项可以设置多段线的宽度，输入的值即为多段线的宽度，类似于直径。

"放弃(U)"选项为放弃多段线命令。

【操作实例】

绘制由多段线构成的图形，如图 2-9 所示。

2.1.9   点、定数等分、定距等分命令

1. 点样式显示方式

点是最简单的图形单元。在工程图形中，点通常用来标定某个特殊的坐标位置，

微课
多段线的绘制

或者作为某个绘制步骤的起点和基础。同时,作为节点或参照几何图形的点对象对于对象捕捉和相对偏移非常有用。为了使点更清晰,AutoCAD 2021 为点设置了各种样式。

图 2-9　多段线绘图实例

可以相对于屏幕或使用绝对单位设置点的样式和大小。点样式的选择如图 2-10 所示。

（1）命令行:DDPTYPE(快捷命令为 DPT)。

（2）菜单栏:"格式"→"点样式"命令。

【命令执行方式】

（1）命令行:POINT(快捷命令为 PO)。

（2）菜单栏:"绘图"→"点"命令。

（3）工具栏:单击"绘图"工具栏中的"点"按钮 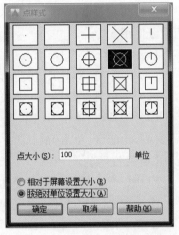 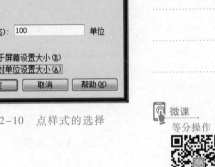。

（4）功能区:单击"默认"选项卡"绘图"面板中的"点"按钮 。

图 2-10　点样式的选择

微课
等分操作

【操作步骤】

设置好需要的点样式后,从菜单或工具栏中调用点命令绘制点即可。

使用"节点"对象捕捉可以捕捉到一个点。

2. 定数等分

【命令执行方式】

（1）命令行:DIVIDE(快捷命令为 DIV)。

（2）菜单栏:"绘图"→"点"→"定数等分"命令。

（3）功能区:单击"默认"选项卡"绘图"面板中的"定数等分"按钮 。

【操作步骤】

定数等分的功能是将一个对象分割成相等长度的几部分,它自动计算对象的长度,按相等的间隔放置等分标记,等分标记可以是点或者图块,如图 2-11 所示。

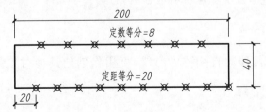

图 2-11　等分的概念

3. 定距等分

【命令执行方式】

(1) 命令行:MEASURE(快捷命令为 ME)。

(2) 菜单栏:"绘图"→"点"→"定距等分"命令。

(3) 功能区:单击"默认"选项卡"绘图"面板中的"定距等分"按钮 。

【操作步骤】

定距等分的功能是在指定的对象上按指定的长度用点或块做标记插入对象中,如图 2-11 所示。

2.1.10　构造线命令

构造线就是沿两个方向无限延伸的直线,可用作创建其他对象的参照,一般作为辅助线使用。

【命令执行方式】

(1) 命令行:XLINE(快捷命令为 XL)。

(2) 菜单栏:"绘图"→"构造线"命令。

(3) 工具栏:单击"绘图"工具栏中的"构造线"按钮 。

(4) 功能区:单击"默认"选项卡"绘图"面板中的"构造线"按钮 。

【相关说明】

XLINE 命令的作用是创建构造线对象,命令发布后命令行提示如下:

指定点或[水平(H)/垂直(V)/角度(A)/二等分(B)/偏移(O)]:

指定点:用于绘制通过指定两点的构造线。

"水平(H)"选项可以绘制水平的构造线。

"垂直(V)"选项可以绘制垂直的构造线。

"角度(A)"选项可以绘制任意角度的构造线。

"二等分(B)"选项可以绘制二等分的构造线。

"偏移(O)"选项可以对之前绘制的构造线进行偏移而得到新的构造线。

【知识拓展】

直线、构造线和多段线的区别:

(1) 直线:有起点和端点的线。直线每一段都是分开的,绘制完成后不是一个整体,在选取时需要逐条选取或者框选。

(2) 构造线:没有起点和端点的无限长的线。

(3) 多段线:由多条多段线组成一个整体的线段(可能是闭合的,也可能是非闭合的;可能是同一粗细的,也可能是粗细结合的)。

2.1.11　射线命令

向一个方向无限延伸的直线称为射线,可用作创建其他对象的参照,一般作为辅助线。

【命令执行方式】

(1) 命令行:RAY。

（2）菜单栏："绘图"→"射线"命令。

（3）工具栏：单击"绘图"工具栏中的"射线"按钮↗。

（4）功能区：单击"默认"选项卡"绘图"面板中的"射线"按钮↗。

【相关说明】

RAY 命令的作用是创建射线对象,命令发布后命令行提示如下：

指定起点：(指定射线的起点)

2.1.12　样条曲线命令

样条曲线是经过或接近一系列给定点的光滑曲线。可以控制曲线与点的拟合程度。可以通过指定点来创建样条曲线,也可以封闭样条曲线,使起点和端点重合。样条曲线可用于创建形状不规则的曲线。

【命令执行方式】

（1）命令行：SPLINE(快捷命令为 SPL)。

（2）菜单栏："绘图"→"样条曲线"命令。

（3）工具栏：单击"绘图"工具栏中的"样条曲线"按钮∿。

（4）功能区：单击"默认"选项卡"绘图"面板中的"样条曲线"按钮∿。

【操作实例】

绘制图 2-12 所示的样条曲线。

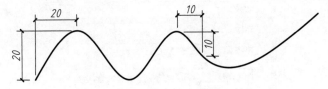

图 2-12　样条曲线的绘制

2.1.13　多线命令

多线是一种复合线,由多条平行直线组成。使用多线能够提高绘图效率,一般用于建筑墙体的绘制等。在绘制多线前,首先要进行多线样式的创建和设置。

1. 多线样式的创建

在使用"多线"命令前,需要对多线的数量和每条单线的距离、颜色、线型、背景填充等特性进行设置。

【命令执行方式】

（1）命令行：MLSTYLE。

（2）菜单栏："格式"→"多线样式"命令,如图 2-13 所示。

【操作步骤】

（1）新建。单击"新建"按钮,弹出"创建新的多线样式"对话框,如图 2-14 所示,设置新样式名后,单击"继续"按钮,弹出"新建多线样式：建筑多线"对话框,如图 2-15 所示。可以根据需要设置新的线型。

（2）修改。从中修改可以选定的多线样式，但不能修改默认的 Standrd 多线样式和已经使用的多线样式。

图 2-13　"多线样式"对话框

图 2-14　"创建新的多线样式"对话框

图 2-15　"新建多线样式:建筑多线"对话框

【选项说明】

"新建多线样式:建筑多线"对话框的选项说明如下:

(1)"封口"选项组:可以设置多线起点和端点的特性,包括直线、外弧、内弧以及封口线段或圆弧的角度。

(2)"填充"选项组:在"填充颜色"下拉列表框中选择多线填充的颜色。

(3)"图元"选项组:设置组成多线的元素特性。单击"添加"按钮,为多线添加元素;反之,单击"删除"按钮,可以为多线删除元素。在"偏移"文本框中可以设置选中元素的位置偏移值。在"颜色"下拉列表框中可以为选中元素选择颜色。单击"线型"按钮,可以为选中元素设置线型。

【知识拓展】

在建筑平面图中,墙体用双线表示,窗用四线表示。对于墙体来说,一般采用轴线定位的方式,以轴线为中心,具有很强的对称性,一般墙体的绘制有以下2种方法:

(1)使用"偏移"命令直接偏移轴线,将轴线向两侧各偏移对应的距离,将图层改为墙体图层,可以得到墙体。

(2)使用"多线"命令直接绘制墙体。

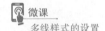

微课
多线样式的设置

2. 多线的绘制

多线的绘制方法和直线的绘制方法相似,不同的是,多线由两条线型相同的平行线组成。绘制的多线都是一个完整的整体,不能对其进行偏移、倒角、延伸、修剪等编辑操作。如果需要编辑,则需要用分解命令将其分解成多条直线。

【命令执行方式】

(1)命令行:MLINE(快捷命令为ML)。

(2)菜单栏:"绘图"→"多线"命令。

【相关说明】

MLINE命令的作用是创建多线对象,命令发布后命令行提示如下:

MLINE

当前设置:对正 ＝ 上,比例 ＝ 20.00,样式 ＝ STANDARD

指定起点或[对正(J)/比例(S)/样式(ST)]:PLINE 指定起点:(看当前设置是否正确,如果不正确,则应首先设置对正、比例和样式)

"对正(J)"确定如何在指定的点之间绘制多线。

"比例(S)"控制多线的全局宽度,该比例不影响线型比例。

"样式(ST)"控制多线的样式。

【操作实例】

绘制图2-16所示的多线,墙厚均为240 mm。

3. 多线的编辑

AutoCAD 2021提供了4种类型、12个多线编辑工具。

【命令执行方式】

(1)命令行:MLEDIT。

(2)菜单栏:"修改"→"对象"→"多线"命令。

微课
多线绘制

【操作步骤】

（1）打开图 2-16 的文件。

（2）编辑多线。选择菜单栏中的"修改"→"对象"→"多线"命令，系统打开"多线编辑工具"对话框，选择"T 形打开"选项，命令行提示与操作如下：

命令：_mledit

选择第一条多线：（选择多线）

选择第二条多线：（选择多线）

选择第一条多线或［放弃（U）］：（选择多线）

采用同样的方法继续进行多线编辑。

【选项说明】

在"多线编辑工具"对话框中，第一列工具用于处理十字交叉的多线，第二列工具用于处理 T 形相交的多线，第三列工具用于处理角点连接和顶点，第四列工具用于处理多线的剪切或接合。

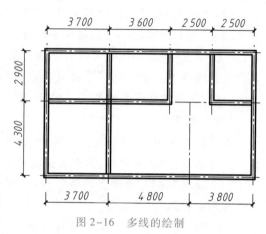

图 2-16　多线的绘制

微课
面域命令

2.1.14　面域命令

面域命令可以将多个对象变为一个对象。

【命令执行方式】

（1）命令行：REGION（快捷命令为 REG）。

（2）菜单栏："绘图"→"面域"命令。

（3）工具栏：单击"绘图"工具栏中的"面域"按钮。

（4）功能区：单击"默认"选项卡"绘图"面板中的"面域"按钮。

2.1.15　圆环命令

【命令执行方式】

（1）命令行：DONUT（快捷命令为 DO）。

（2）菜单栏："绘图"→"圆环"命令，如图 2-17 所示。

（3）功能区：单击"默认"选项卡"绘图"面板中的"圆环"按钮。

图 2-17　圆环的绘制

【相关说明】

圆环可以看作两个同心圆，是填充环或实体填充圆，即带有宽度的闭合多段线。要创建圆环，需要指定它的内外直径和圆心。通过指定不同的中心点，可以继续创建具有相同内外直径的多个副本。要创建实体填充圆，可将内径值指定为 0。

DONUT 命令的作用是创建圆环对象，命令发布后命令行提示如下：

指定圆环的内径<0.500 0>：（设置圆环的内径，默认值是 0.5 mm）

指定圆环的外径<1.000 0>：（设置好内径后出现，用于设置圆环的外径，默认值是

1.0 mm)

指定圆环的中心点或<退出>:(设置好外径后出现,可以任意放置,也可连续放置。按<Enter>键、<Space>键或单击鼠标右键结束命令)

微课
圆环的绘制

圆环内部的填充方式取决于 FILL 命令的当前位置,选择"开"表示填充,选择"关"表示不填充。

【操作实例】

绘制图 2-17 所示的圆环。

任务 2.2　编辑命令

2.2.1　选择对象

选择对象是进行编辑的前提。AutoCAD 2021 提供两种编辑图形的途径,一种是先执行编辑命令,然后选择要编辑的对象;另一种是先选择要编辑的对象,然后执行编辑命令。熟悉并掌握选择方法,有利于提高绘图效率。

1. 模式的转换

在命令行提示"选择对象"时,输入"R"并按<Space>键,就可将添加模式切换到扣除模式;输入"A"并按<Space>键,就可将扣除模式切换到添加模式;也可直接按下<Shift>键切换选择模式。

2. 选择对象的方法

(1)点选:这是默认的选择对象方法,用拾取框直接去选择对象。其过程是将拾取框放置在需要选择的对象上,单击鼠标左键,即选择了该对象,选中的目标以高亮显示。若要取消所选择的单个或多个对象,可直接按<Esc>键;若要取消多个选择对象中的某一个对象的选择,可按下<Shift>键并单击要取消选择的对象。执行 OPTIONS 命令,从弹出的"选项"对话框中选择"选择"选项卡,在拾取框区可调整拾取框的大小。

(2)全部选择方式:在命令行提示"选择对象"时,输入"ALL"并按<Enter>键,则全部对象被选中。

(3)W 窗口选择方式:在命令行提示"选择对象"时,输入"W"并按<Enter>键,系统要求输入矩形窗口的两个对角点。在窗口内的对象被选中,窗口外和被窗口压住的对象不能被选中。

(4)C 交叉窗口选择方式:在命令行提示"选择对象"时,输入"C"并按<Enter>键,系统要求输入矩形窗口的两个对角点。在窗口内和被窗口压住的对象被选中,窗口外的对象不能被选中。

(5)默认矩形窗口选择方式:在命令行提示"选择对象"时,直接用拾取框在绘图窗口的空白处单击鼠标左键,然后继续用鼠标左键确定对角点,这样就确定出一个矩形选择窗口。从左向右的选择窗口为"W 窗口选择方式",从右向左的选择窗口为"C 交叉窗口选择方式"。

(6)交替选择方式:当一个对象与其他对象相距很近或重叠时,可采用此方式。在命令行提示"选择对象"时,将拾取框放在对象上,按住<Shift>键后不停地按<Space>

键,直到所需要的对象高亮时,松开<Shift>键和<Space>键,再单击鼠标左键,就选中了所需要的对象。

2.2.2　删除命令

如果所绘制的图形不符合要求或绘制的图形有错误,就可以用删除命令把它删除。可以先选择对象,然后调用删除命令;也可以先调用删除命令,然后选择对象。

【命令执行方式】

(1)命令行:ERASE(快捷命令为 E)。

(2)菜单栏:"修改"→"删除"命令。

(3)工具栏:单击"修改"工具栏中的"删除"按钮 。

(4)功能区:单击"默认"选项卡"修改"面板中的"删除"按钮 。

【相关说明】

(1)ERASE 命令的作用是删除对象。命令执行时,在"选择对象"提示下,选择需要删除的对象,然后按<Enter>键或<Space>键,就可以删除对象。

(2)用 ERASE 命令删除的对象,可以用 OOPS 命令来恢复最后一次删除的对象。

(3)执行 U 命令(菜单栏:"编辑"→"放弃"命令,工具栏:"标准"→),可取消已执行的操作。

(4)执行 REDO 命令(菜单栏:"编辑"→"重做"命令,工具栏:"标准"→),可恢复刚刚取消的操作。

2.2.3　移动命令

【命令执行方式】

(1)命令行:MOVE(快捷命令为 M)。

(2)菜单栏:"修改"→"移动"命令。

(3)工具栏:单击"修改"工具栏中的"移动"按钮 。

(4)功能区:单击"默认"选项卡"修改"面板中的"移动"按钮 。

【相关说明】

MOVE 命令的作用是移动对象位置,可以在指定方向上按指定距离移动对象。移动只会改变对象的位置,不会改变方向和大小。

执行命令时命令行提示如下:

选择对象:(选择需要移动的对象)

指定基点或[位移(D)]<位移>:(确定对象位移的基点,如圆心、中点、图线的交点等)

指定第二个点或<使用第一个点作为位移>:(指定第二位移点,系统默认基点为第一位移点)

2.2.4　旋转命令

旋转命令可以在保持原对象形状不变的情况下,以一定点为中心且以一定角度为旋转角度旋转得到图形。

微课

移动、旋转对象

【命令执行方式】

（1）命令行：ROTATE（快捷命令为 RO）。

（2）菜单栏："修改"→"旋转"命令。

（3）工具栏：单击"修改"工具栏中的"旋转"按钮⟳。

（4）功能区：单击"默认"选项卡"修改"面板中的"旋转"按钮⟳。

【相关说明】

ROTATE 命令的作用是围绕基点旋转对象。执行命令时命令行提示如下：

选择对象：（选择需要旋转的对象）

指定基点：（确定对象旋转的基点，如圆心、中点、图线的交点等）

指定旋转角度或［复制（C）/参照（R）］<0>：（指定对象绕基点旋转的角度）

"参照（R）"选项的作用是将对象从指定的角度旋转到新的绝对角度。

"复制（C）"选项的作用是创建旋转对象的副本，如图 2-18 所示。

(a) 旋转前　　　　　　　　(b) 旋转后

图 2-18　创建旋转对象的副本

2.2.5　镜像命令

镜像命令是指把选择的对象以一对称轴进行镜像后得到图形。镜像操作完成后可以保留源对象，也可以删除源对象。操作过程中的关键是对称轴的选择。

【命令执行方式】

（1）命令行：MIRROR（快捷命令为 MI）。

（2）菜单栏："修改"→"镜像"命令。

（3）工具栏：单击"修改"工具栏中的"镜像"按钮⚠。

（4）功能区：单击"默认"选项卡"修改"面板中的"镜像"按钮⚠。

【相关说明】

执行命令时命令行提示如下：

选择对象：（选择需要镜像的对象。）

指定镜像线的第一点：

指定镜像线的第二点：（确定镜像线，需要镜像的对象绕哪个镜像轴）

要删除源对象吗？［是（Y）/否（N）］<否>：（确定是否需要删掉源对象）

2.2.6　复制命令

复制命令的作用是从源对象以指定的角度和方向创建对象的副本。AutoCAD 复

微课

镜像、复制对象

制默认是多重复制,即选定图形并指定基点后,可以通过定位不同的目标点复制出多份。

【命令执行方式】

(1) 命令行:COPY(快捷命令为 CO)。

(2) 菜单栏:"修改"→"复制"命令。

(3) 工具栏:单击"修改"工具栏中的"复制"按钮 。

(4) 功能区:单击"默认"选项卡"修改"面板中的"复制"按钮 。

【相关说明】

执行命令时命令行提示如下:

选择对象:(选择需要复制的对象。)

指定基点或[位移(D)/模式(O)]<位移>:(确定对象复制的基点,如圆心、中点、图线的交点等。)

"位移(D)"选项的作用是创建复制后的位置。

"模式(O)"选项的作用是确定单个还是多个,单个是指复制一次,多个是指可重复复制。

2.2.7　偏移命令

【命令执行方式】

(1) 命令行:OFFSET(快捷命令为 O)。

(2) 菜单栏:"修改"→"偏移"命令。

(3) 工具栏:单击"修改"工具栏中的"偏移"按钮 。

(4) 功能区:单击"默认"选项卡"修改"面板中的"偏移"按钮 。

【相关说明】

OFFSET 命令的作用是创建形状与选定对象形状平行的新对象。偏移圆或圆弧可以创建更大或更小的圆或圆弧,取决于向哪一侧偏移。偏移的对象必须是一个实体。可以偏移的对象有直线、圆、圆弧、椭圆和椭圆弧、二维多段线、构造线(参照线)和射线、样条曲线。

执行命令时命令行提示如下:

指定偏移距离或[通过(T)/删除(E)/图层(L)]<通过>:(输入需要偏移的大小)

"通过(T)"选项的作用是偏移出不同于源对象的对象。

"删除(E)"选项的作用是确定是否在偏移后删除源对象。

"图层(L)"选项的作用是确定偏移后对象的图层选项是当前还是源图层。

2.2.8　修剪命令

修剪命令是指将超出边界的多余部分修剪删除掉,类似于橡皮擦的作用。修剪操作可以修剪直线、圆、圆弧、多段线、样条曲线、构造线、射线和填充图案等。

【命令执行方式】

(1) 命令行:TRIM(快捷命令为 TR)。

(2) 菜单栏:"修改"→"修剪"命令。

微课
偏移对象

（3）工具栏：单击"修改"工具栏中的"修剪"按钮✂。

（4）功能区：单击"默认"选项卡"修改"面板中的"修剪"按钮✂。

【相关说明】

TRIM命令的作用是修剪多余的对象。执行命令时命令行提示如下：

选择对象或<全部选择>：（选择需要修剪的对象，或者再按一下<Space>键或<Enter>键选择绘图区域的全部对象）

修剪命令的使用如图2-19所示。

【知识拓展】

修剪边界对象支持各种选择对象的方式，而且可以不断地累积选择。当然，在使用修剪命令时，最简单的选择方式是当出现选择修剪边界时直接按<Space>键或<Enter>键，此时系统会将图中的所有图形作为修剪编辑，这样就可以修剪图中的任意对象。这种方式比较简单，也是绘图人员在绘图过程中经常使用的方式，但是建议具体情况具体分析。

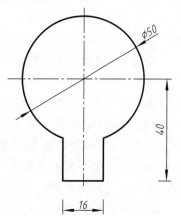

图2-19　修剪命令的使用

2.2.9　拉长命令

【命令执行方式】

（1）命令行：LENGTHEN（快捷命令为LEN）。

（2）菜单栏："修改"→"拉长"命令。

（3）功能区：单击"默认"选项卡"修改"面板中的"拉长"按钮／。

【相关说明】

拉长命令可以更改对象的长度和圆弧的包含角。执行命令时命令行提示如下：

选择要测量的对象或［增量（DE）/百分比（P）/总计（T）/动态（DY）］<总计（T）>：（选择需要拉长的对象）

"增量（DE）"选项的作用是沿着直线方向增加或者减少直线的长度，正增量为直线拉长，负增量为直线缩短。

"百分比（P）"选项的作用是若直线长度变化的比例输入50，则表示直线变化为原长度的50%，即直线缩短了一半。

"总计（T）"选项的作用是直接输入直线的总长度，即可得到直线新的总长度。

"动态（DY）"选项的作用是可通过鼠标随时调整直线的长度。

2.2.10　拉伸命令

拉伸对象是指拖拉选择且形状发生改变的对象。拉伸对象时，应指定拉伸的基点和移置点。利用一些辅助工具，如捕捉功能、相对坐标等可以提高拉伸的精度。

【命令执行方式】

（1）命令行：STRETCH（快捷命令为S）。

（2）菜单栏："修改"→"拉伸"命令。

（3）工具栏：单击"修改"工具栏中的"拉伸"按钮 ⬡ 。

（4）功能区：单击"默认"选项卡"修改"面板中的"拉伸"按钮 ⬡ 。

【相关说明】

拉伸的作用是调整对象大小，使其在一个方向上或是按比例增大或缩小。可以重新定位穿过或在交叉选择窗口内的对象的端点。拉伸必须以交叉窗口或交叉多边形选择要拉伸的对象。与窗口交叉的对象将被拉伸，完全在窗口内的对象将被移动。

在选择对象时，对于由直线、圆弧、多段线、圆等命令绘制的直线线段或圆弧段，若其整体均在选择窗口内，则执行的结果是对其进行移动；若其一端在选择窗口内，另一端在选择窗口外，则有以下的拉伸规则：

（1）直线（LINE）：窗口外的端点不动，窗口内的端点移动，直线拉长或缩短。

（2）圆弧（ACR）：与直线类似，在圆弧改变过程中，圆弧的弦高保持不变，由此来调整圆心的位置和圆弧起始角、终止角的值。当圆弧的圆心位于选择窗口内时，执行的结果是进行圆弧移动。

（3）等宽线（TRACE）、区域填充（SOLID）：窗口外的端点不动，窗口内的端点移动，由此来改变图形。

（4）多段线（PLINE）：与直线或圆弧相似，但多段线的两端宽度、切线方向及曲线拟合信息都不改变。

（5）圆（CIRCLE）：圆不能被拉伸，当圆的圆心位于选择窗口内时，执行的结果是进行圆移动。

（6）文本和属性：当文本基点在窗口内时进行移动。

【知识拓展】

拉伸和拉长的区别：相同的是拉伸和拉长都可以改变对象的大小；不同的是拉伸可以一次框选多个对象，不仅改变对象的大小，同时还改变对象的形状；但是拉长只改变对象的长度，且不受对象的局限。可用以拉长的对象包括直线、弧线、样条曲线等。

2.2.11　延伸命令

延伸命令是指延伸一个对象直至另一个对象的边界线。

【命令执行方式】

（1）命令行：EXTEND（快捷命令为 EX）。

（2）菜单栏："修改"→"延伸"命令。

（3）工具栏：单击"修改"工具栏中的"延伸"按钮 ⟶⫯ 。

（4）功能区：单击"默认"选项卡"修改"面板中的"延伸"按钮 ⟶⫯ 。

【相关说明】

EXTEND 命令的作用是通过延伸，使对象与其他对象的边相接。执行命令时命令行提示如下：

选择对象或<全部选择>：（选择需要延伸的对象。）

系统规定可以用作边界对象的有直线、射线、圆、圆弧、椭圆多段线、样条曲线。选择对象时，如果按住<Shift>键，系统会自动将"延伸"命令转换成"修剪"命令。

2.2.12　阵列命令

阵列命令是指多次重复选择对象并把这些副本按矩形或环形排列。把副本按矩形排列称为矩形阵列,把副本按环形排列称为极阵列。建立矩形阵列时,需要控制行和列的数量以及对象副本之间的距离;建立极阵列时,应该控制复制对象的次数和对象是否被旋转。

【命令执行方式】

(1) 命令行:ARRAY(快捷命令为 AR)。

(2) 菜单栏:"修改"→"阵列"命令。

(3) 工具栏:单击"修改"工具栏中的"阵列"按钮██。

(4) 功能区:单击"默认"选项卡"修改"面板中的"矩形阵列"按钮██、"路径阵列"按钮°○。或"环形阵列"按钮░。

【相关说明】

ARRAY 命令可以在矩形或环形阵列中创建对象副本。执行命令时命令行提示如下:

选择对象:(选择需要阵列的对象。)

输入阵列类型[矩形(R)/路径(PA)/极轴(PO)]<矩形>:(选择阵列的类型)

(1) 矩形(R):将选定对象的副本分布到行数、列数和层数的任意组合。通过夹点,调整阵列间距、列数、行数和层数;也可以分别选择各选项输入数值。

(2) 路径(PA):沿路径或部分路径均匀分布选定对象的副本。选择该选项后出现以下提示:

选择路径曲线:(选择一条曲线作为阵列路径。)

选择夹点以编辑阵列或[关联(AS)/方法(M)/基点(B)/切向(T)/项目(I)/行(R)/层(L)/对齐项目(A)/z方向(Z)/退出(X)]<退出>:(通过夹点,调整阵列行数和层数;也可以分别选择各选项输入数值)

(3) 极轴(PO):绕中心点或旋转轴的环形阵列中均匀分布对象副本。选择该选项后出现以下提示:

指定阵列的中心点或[基点(B)/旋转轴(A)]:(选择中心点、基点或旋转轴)

选择夹点以编辑阵列或[关联(AS)/基点(B)/项目(I)/项目间角度(A)/填充角度(F)/行(ROW)/层(L)/旋转项目(ROT)/退出(X)]<退出>:(通过夹点,调整角度、填充角度;也可以分别选择各选项输入数值)

微课
阵列、缩放对象

2.2.13　缩放命令

【命令执行方式】

(1) 命令行:SCALE(快捷命令为 SC)。

(2) 菜单栏:"修改"→"缩放"命令。

(3) 工具栏:单击"修改"工具栏中的"缩放"按钮██。

(4) 功能区:单击"默认"选项卡"修改"面板中的"缩放"按钮██。

(5) 快捷菜单:选择要缩放的对象,在绘图区单击鼠标右键,在弹出的快捷菜单中选择"缩放"命令。

【相关说明】

SCALE 命令是将已有图形对象以基点为参照按统一比例进行放大或缩小。执行命令时命令行提示如下:

选择对象:(选择需要缩放的对象。)

指定基点:(选择缩放对象的基点。)

指定比例因子或[复制(C)/参照(R)]<1.000 0>:(按比例因子缩放对象,比例因子大于 1 时将放大对象;比例因子介于 0 和 1 之间时将缩小对象)

"复制(C)":复制缩放的对象,缩放对象时,保留源对象。

"参照(R)":使用参照进行缩放,需指定当前距离和新的所需尺寸。可以使用"参照"选项缩放整个图形。若长度值大于参考长度值,则放大对象;否则缩小对象。操作完成后,系统以指定的基点按指定的比例因子缩放对象。如果选择"点(P)"选项,则指定两点来定义新的长度。

缩放命令的使用如图 2-20 所示。

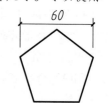

图 2-20 缩放命令的使用

2.2.14 倒角命令

倒角命令是指用斜线连接两个不平行的线型对象。

【命令执行方式】

(1)命令行:CHAMFER(快捷命令为 CHA)。

(2)菜单栏:"修改"→"倒角"命令。

(3)工具栏:单击"修改"工具栏中的"倒角"按钮 。

(4)功能区:单击"默认"选项卡"修改"面板中的"倒角"按钮 。

【相关说明】

CHAMFER 命令使用成角的直线连接两个对象,通常用于表示角点上的倒角边。可以倒角的对象有直线、多段线、射线、构造线、三维实体。

微课
倒角、圆角实例

2.2.15 圆角命令

圆角命令是指用指定半径决定的一段平滑的圆弧连接两个对象。

【命令执行方式】

(1)命令行:FILLET(快捷命令为 F)。

(2)菜单栏:"修改"→"圆角"命令。

(3)工具栏:单击"修改"工具栏中的"圆角"按钮 。

(4)功能区:单击"默认"选项卡"修改"面板中的"圆角"按钮 。

【相关说明】

FILLET 命令可以使用与对象相切并且具有指定半径的圆弧连接两个对象。可以倒圆角的对象有圆弧、圆、椭圆和椭圆弧、直线、多段线、射线、样条曲线、构造线、三维实体。

【知识拓展】

几种情况下的圆角。

（1）当两条线相交或不相连时,利用圆角进行修剪和延伸。如果将圆角半径设置为 0,则系统不会创建圆弧,操作对象将被修剪或延伸直到它们相交。当两条线相交或不相连时,使用圆角命令可以自动进行修剪和延伸,比使用修剪和延伸命令更方便。

（2）对平行直线倒圆角。不仅可以对相交或不相连的线倒圆角,平行的直线、构造线和射线同样可以倒圆角。对平行线进行倒圆角时,软件将忽略原来的圆角设置,自动调整圆角半径,生成一个半圆连接两条直线,绘制键槽或类似零件时比较方便。对平行线进行倒圆角时,第一个选定对象必须是直线或射线,不能是构造线,因为构造线没有端点,但是它可以作为圆角的第二个对象。

（3）对多段线加圆角或删除圆角。如果想在多段线上适合圆角半径的每条线段的顶点处插入相同长度的圆角弧,可在倒圆角时使用“多段线”选项;如果想删除多段线上的圆角和弧线,也可以使用“多段线”选项,只需将圆角设置为 0,圆角命令将删除该圆弧线段并延伸直线,直到它们相交。

2.2.16　打断命令

打断命令是指在两个点之间创建间隔,也就是说明在打断之处存在间隙。

【命令执行方式】

（1）命令行:BREAK(快捷命令为 BR)。

（2）菜单栏:“修改”→“打断”命令。

（3）工具栏:单击“修改”工具栏中的“打断”按钮。

（4）功能区:单击“默认”选项卡“修改”面板中的“打断”按钮。

【相关说明】

BREAK 命令的作用是将一个对象打断为两个对象,对象之间可以具有间隙,也可以没有间隙。执行命令时命令行提示如下:

选择对象:(选择需要打断的对象,选中的位置即为第一个打断点)

指定第二个打断点或[第一点(F)]:(选择需要打断对象的第二个打断点,可以输入 F,重新确定第一个打断点的位置)

注意:块、标注、多线和面域这 4 个对象是不能进行打断的。

系统默认的打断方向是沿逆时针方向。

微课
打断、合并、分解对象

2.2.17　打断于点命令

打断于点命令是指将对象在某一点处打断,且打断之处没有间隔。有效的对象包括直线、圆弧等,但不能用于圆、矩形、多边形等封闭的图形,与打断命令类似。

【命令执行方式】

（1）命令行:BREAK。

（2）工具栏:单击“修改”工具栏中的“打断于点”按钮。

（3）功能区:单击“默认”选项卡“修改”面板中的“打断于点”按钮。

【相关说明】

选择对象：(选择要打断的对象)

指定打断点：(选择打断点)

2.2.18　合并命令

合并命令可以将直线、圆弧、椭圆弧和样条曲线等独立的对象合并为一个对象。

【命令执行方式】

(1) 命令行：JOIN(快捷命令为 J)。

(2) 菜单栏："修改"→"合并"命令。

(3) 工具栏：单击"修改"工具栏中的"合并"按钮 ➤━。

(4) 功能区：单击"默认"选项卡"修改"面板中的"合并"按钮 ➤━。

【相关说明】

命令：JOIN

选择源对象或要一次合并的多个对象：(选择一个对象)

选择要合并的对象：(选择另一个对象)

2.2.19　分解命令

使用分解命令,选择一个对象后,该对象会被分解。例如,使用矩形命令绘制的矩形会被分解成 4 条直线段。

【命令执行方式】

(1) 命令行：EXPLODE(快捷命令为 X)。

(2) 菜单栏："修改"→"分解"命令。

(3) 工具栏：单击"修改"工具栏中的"分解"按钮。

(4) 功能区：单击"默认"选项卡"修改"面板中的"分解"按钮。

【相关说明】

EXPLODE 命令可以将一个对象变为多个对象。

选择对象：(选择需要分解的对象)

任务 2.3　应用实例：简单二维图形的绘制与编辑

前面已经详细介绍了二维绘图和编辑命令,本任务主要讲解简单二维图形的绘制与编辑,综合运用绘图和编辑命令。

2.3.1　例题 2-1 图形绘制

例题 2-1　图形如图 2-21 所示。绘图前的准备工作和绘图过程如下。

1. 图形尺寸分析和线段分析

(1) 尺寸分析。

从图 2-21 中可以看出,此图形是上下对称的,可以先绘制上半部分,然后利用镜像命令绘制下半部分。$R20$、$R10$ 等均是定形尺寸,最左边水平线段和最右边垂直线段

都需要根据圆弧确定尺寸,通过各定形尺寸,可确
定图形中各组成部分的大小。

（2）线段分析。

① 已知线段:在图 2-21 中,圆心位置由尺寸
100、20 和 $R10$、$R20$ 的圆弧确定,定形尺寸和定位
尺寸均是已知线段(也称为已知弧)。

② 连接线段:图 2-21 中间的最外边圆弧没
有给出尺寸半径等,但与 $R20$ 是同心圆。

2. 绘制基本轮廓

绘制图 2-21 基本轮廓的步骤如下:

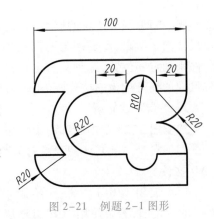

图 2-21　例题 2-1 图形

微课
二维图形的绘制与
编辑(一)

（1）启动 AutoCAD 2021,打开创建的 AutoCAD 文件。

（2）使用 LINE 命令,并根据定形尺寸绘制出图 2-22(a)所示的图形。

（3）使用 ARC 中的"起点、端点、半径"命令绘制出图 2-22(b)所示的图形。

（4）使用 MIRROR 命令,先选择镜像对象,按<Enter>键后选择镜像线,提示是否
删除源对象,此处不要删除源对象,按<Enter>键即可,得到图 2-22(c)所示的图形。

（5）使用 ARC 中的"起点、端点、半径"命令绘制 $R20$ 的圆弧,最外边圆弧与 $R20$
是同心圆,利用 ARC 中的"圆心、起点、端点"命令绘制图 2-22(d)所示的图形。

（6）整理并检查全图后,运行 QSAVE 命令或按<Ctrl+S>键,将文件保存。

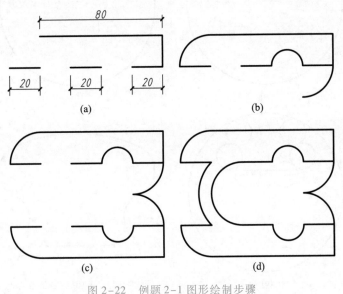

图 2-22　例题 2-1 图形绘制步骤

2.3.2　例题 2-2 图形绘制

例题 2-2　图形如图 2-23 所示。绘图前的准备工作和绘图过程如下。

1. 图形分析

从图 2-23 中可以看出,此图形上边由相距 68、$R16$ 的两个圆弧和 $R98$ 的圆弧组
成,最下面的线段尺寸非常明确,距 $R98$ 圆弧最顶端的距离是 76,与线段相连的是 $R16$

的圆弧,中间部分 *R*16 的圆弧,其两个方向的定位尺寸均未给出,需要用与两侧相邻线段的连接条件来确定其位置,这种只有定形尺寸而没有定位尺寸的线段称为连接线段(也称为连接弧)。

微课
二维图形的绘制与
编辑(二)

2. 绘制基本轮廓

绘制图 2-23 基本轮廓的步骤如下:

(1)启动 AutoCAD 2021,打开创建的 Auto-CAD 文件。

(2)使用 CIRCLE 命令,绘制中心距为 68、*R*16 的两个圆,然后使用"CIRCLE 指定圆的圆心

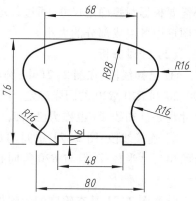

图 2-23　例题 2-2 图形

或[三点(3P)/两点(2P)/相切、相切、半径(T)]:"中的"相切、相切、半径(T)"命令绘制连接线段。如绘制 *R*98 的圆,输入"相切、相切、半径(T)"后,按照命令栏的提示,只需分别单击两个 *R*16 圆的切点(切点位置尽量单击 *R*16 圆外两边),输入半径值 98,即可绘制出图 2-24(a)所示的图形。

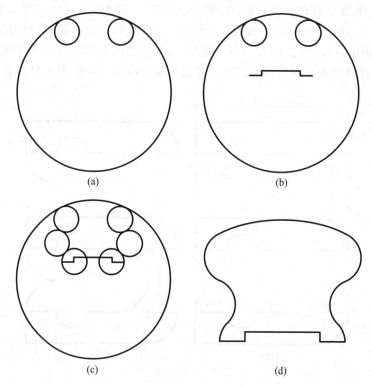

图 2-24　例题 2-2 图形绘制步骤

(3)使用 LINE 命令,沿象限点对象追踪 70,确定直线的中点位置,绘制出图 2-24(b)所示的图形。

(4)使用 CIRCLE 命令,绘制与直线段相交的 *R*16 圆,然后使用"CIRCLE 指定圆的圆心或[三点(3P)/两点(2P)/相切、相切、半径(T)]:"中的"相切、相切、半径(T)"命令绘制连接线段。如绘制中部 *R*16 的圆,输入"相切、相切、半径(T)"后,按照命令

栏的提示,只需分别单击两个 *R*16 圆的切点,输入半径值 16,即可得到图 2-24(c)所示的图形。

(5)整理并检查全图后,使用 TRIM 命令修剪和整理图线,得到图 2-24(d)所示的图形。

(6)运行 QSAVE 命令或按<Ctrl+S>键,将文件保存。

2.3.3　例题 2-3 图形绘制

微课
二维图形的绘制与
编辑(三)

例题 2-3　图形如图 2-25 所示。绘图前的准备工作和绘图过程如下。

1. 图形分析

从图 2-25 中可以看出,此图形只提供了最里面圆的半径,没有提供其他的尺寸,但是从图中可以知道,中间是内接的三角形,里面圆的外边有一个内接的六边形,然后紧接着是一个与六边形边长相同的五边形,后面圆可以利用三点画圆的方式绘制。

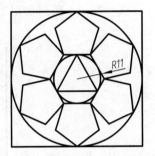

图 2-25　例题 2-3 图形

2. 绘制基本轮廓

绘制图 2-25 基本轮廓的步骤如下:

(1)启动 AutoCAD 2021,打开创建的 AutoCAD 文件。

(2)使用 CIRCLE 命令绘制 *R*11 的圆,然后利用 POLYGON 命令绘制内接于圆的三角形(侧面数输入 3)和外切于圆的六边形(侧面数输入 6),如图 2-26(a)所示。

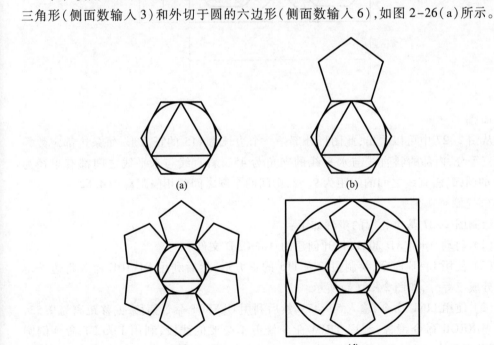

(a)　　　　　　　　　　(b)

(c)　　　　　　　　　　(d)

图 2-26　例题 2-3 图形绘制步骤

(3)使用 POLYGON 命令,输入侧面数为 5,在"指定正多边形的中心点或[边(E)]:"中选择 E,然后依次选择六边形边长的两个端点,即可绘制出图 2-26(b)所示的图形。

（4）使用 ARRAY 命令,选择五边形,按<Enter>键后选择极轴(PO),得到图 2-26(c)所示的图形。

（5）使用 CIRCLE 命令绘制圆,然后利用 POLYGON 命令绘制外切于圆的四边形(侧面数输入 4),如图 2-26(d)所示。

（6）整理并检查全图后,运行 QSAVE 命令或按<Ctrl+S>键,将文件保存。

2.3.4　例题 2-4 图形绘制

例题 2-4　图形如图 2-27 所示。绘图前的准备工作和绘图过程如下。

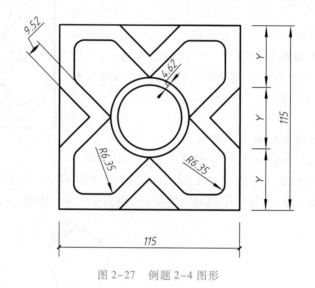

图 2-27　例题 2-4 图形

1. 图形分析

从图 2-27 中可以看出,此图形外部是一个边长为 115 的正方形,每条边都定数等分成三等分,内部的斜直线与水平线的夹角为 45°,斜直线与水平线之间都有半径为 6.35 的圆弧,斜直线之间的间距为 9.52,中间两个圆之间的相隔距离为 4.62。

2. 绘制基本轮廓

绘制图 2-27 基本轮廓的步骤如下:

（1）启动 AutoCAD 2021,打开创建的 AutoCAD 文件。

（2）使用 LINE 命令,绘制边长为 115 的正方形,然后利用 DIVIDE 命令将边长定数等分成三等分,如图 2-28(a)所示。

（3）使用 LINE 命令,输入 50<45°,然后利用 OFFSET 命令偏移,偏移距离为 9.52,利用 MIRROR 命令镜像,利用 TRIM 命令修剪不必要的线段,利用 FILLET 命令倒圆角,圆角半径为 6.35,即可绘制出图 2-28(b)所示的图形。

（4）使用 MIRROR 命令,然后利用 FILLET 命令倒圆角,圆角半径为 6.35,绘制出图 2-28(c)所示的图形。

（5）使用 CIRCLE 中的"三点(3P)"命令绘制圆,然后利用 OFFSET 命令偏移出最里面的圆,偏移距离为 4.62,如图 2-28(d)所示。

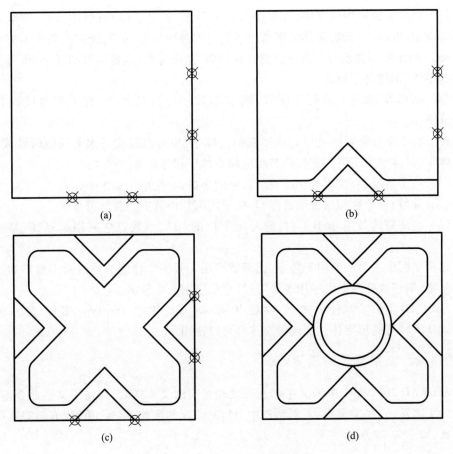

图 2-28　例题 2-4 图形绘制步骤

（6）整理并检查全图后，运行 QSAVE 命令或按<Ctrl+S>键，将文件保存。

任务 2.4　文本与表格

文字注释是图形中非常重要的一部分内容，进行各种图形的绘制时，通常不仅仅是要绘制出图形，还需要在图形中标注一些文字，如标题栏、注释说明、技术要求等，这些信息一般通过文字和表格的方式来对施工图进行补充。本任务主要介绍施工图中文字的设置以及输入、编辑文字的方法。

2.4.1　文字的基本定义

《房屋建筑制图统一标准》（GB 50001—2017）中对施工图中的文字有以下规定：

（1）图纸上所需书写的文字、数字或符号等，均应笔画清晰、字体端正、排列整齐；标点符号应清楚正确。

（2）文字的字高，应从以下系列中使用：3.5 mm、5 mm、7 mm、10 mm、14 mm、20 mm。字高大于 10 mm 的文字宜采用 TrueType 字体，如需书写更大的字，其高度应按 $\sqrt{2}$ 的倍数递增。

（3）图样及说明中的汉字,宜采用长仿宋字体(矢量字体)或黑体,同一图纸字体种类不应超过两种。长仿宋体的字高与字宽的比例约为 1∶0.7,汉字的高度不应小于 3.5 mm。黑体字的宽度与高度应相同。大标题、图册封面、地形图等的汉字,也可书写成其他字体,但应易于辨认。

（4）图样及说明中的拉丁字母、阿拉伯数字与罗马数字,宜采用单线简体或 Roman 字体。

（5）拉丁字母和数字可以写成竖直的正体字,也可以写成与水平线逆时针成 75° 的斜体字,斜体字的高度与宽度应与相应的直体字相等。

（6）拉丁字母、阿拉伯数字与罗马数字的字高,不应小于 2.5 mm。

（7）分数、百分数和比例数的注写,应采用阿拉伯数字和数学符号。

（8）当注写的数字小于 1 时,应写出个位的"0",小数点应采用圆点,齐基准线书写。

建筑制图中图名一般用 7 号字,比例数字用 5 号字。轴线编号圆圈中数字和字母用 5 号字;剖切线处断面编号用 5 号字;尺寸数字用 3.5 号字。

AutoCAD 提供了两种字体:一种是 Windows 所提供的 TureType 字体,另一种是 AutoCAD 所特有的形字体。这两种字体都可以使用。

2.4.2　文字样式的设置

AutoCAD 2021 图形中的文字都有与之相对应的文本样式,在使用文字命令前,需要设置文字样式。"文字样式"对话框中可以对文字的字体、字号、角度、方向等特征进行设置,如图 2-29 所示。

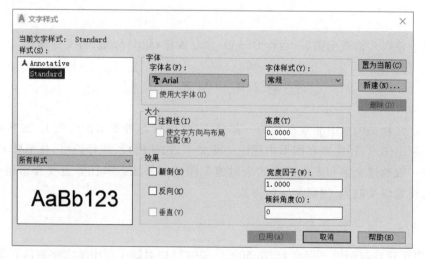

图 2-29　"文字样式"对话框

【命令执行方式】

（1）命令行:STYLE(快捷命令为 ST)。

（2）菜单栏:"格式"→"文字样式"命令。

（3）工具栏:单击"文字"工具栏中的"文字样式"按钮 A。

(4) 功能区：单击"默认"选项卡"注释"面板中的"文字样式"按钮 **A**。

AutoCAD 默认的当前文字样式名是 Standard，使用的是 Arial 字体，用户可根据需要在此样式名的基础上进行修改或重新创建一种新样式。Standard 样式既不能删除也不能重命名，如果在当前文字样式名 Standard 的基础上修改，则当前文件中所有使用 Standard 样式标注的文字会自动更新成更改后的样式；在 AutoCAD 的一个文件中可以创建和使用多种文字样式。

【选项说明】

(1) "样式"列表框：列出所有已设定的文字样式名或已有样式名进行的相关操作。单击"新建"按钮，打开"新建文字样式"对话框。在该对话框中输入新的文字样式名称。

(2) "字体"选项组：用于确定字体样式。文字的字体用于确定字符的形状，在 AutoCAD 图形中，除了它固有的 SHX 形状字体文件外，还可以使用 TrueType 字体（如宋体、楷体等）。一种字体可以设置不同的效果，从而被多种文本样式使用。在建筑施工图中，文字一般使用长仿宋体，非汉字一般使用 simplex 字体。

(3) "大小"选项组：用于确定文本样式使用的字体文件、字体风格及字高。"高度"文本框用来设置固定的字高（一般不建议设置，采用默认即可）。

(4) "效果"选项组：包括"颠倒""反向""垂直""宽度因子"和"倾斜角度"5 个部分。

① "颠倒"复选框：选中之后，文本文字倒置标注。

② "反向"复选框：选中之后，文本文字反向标注。

③ "垂直"复选框：选中之后，文本文字为垂直标注，否则为水平标注。

④ "宽度因子"文本框：用来设置宽度系数，确定文本字符的宽高比。当比例系数小于 1 时，字会变窄；当比例系数大于 1 时，字会变宽。

⑤ "倾斜角度"文本框：用于确定文字的倾斜角度。当角度为 0 时，表示不倾斜，为正数时向右倾斜，为负数时向左倾斜。

(5) "应用"按钮：用于确定对文字样式的设置。当创建新的文字样式或对现有文字样式的某些特征进行修改后，都需要单击此按钮，系统才会确认以上所做的改动。

【操作实例】

创建符合国标的文字样式。

设置完成的文字样式如图 2-30 所示。

2.4.3　文本标注

AutoCAD 2021 中提供了两种文字标注方式，即单行文字和多行文字。单行文字适用于标注的文本不太长的情况，如房间名称、图名标注等；当标注很长、很复杂的文字信息时，可以使用多行文字创建多行文本，如图纸目录、说明等。

1. 单行文本标注

使用单行文字创建一行或多行文字，其中每行文字都是独立的对象，可对其进行移动、格式设置或其他修改。

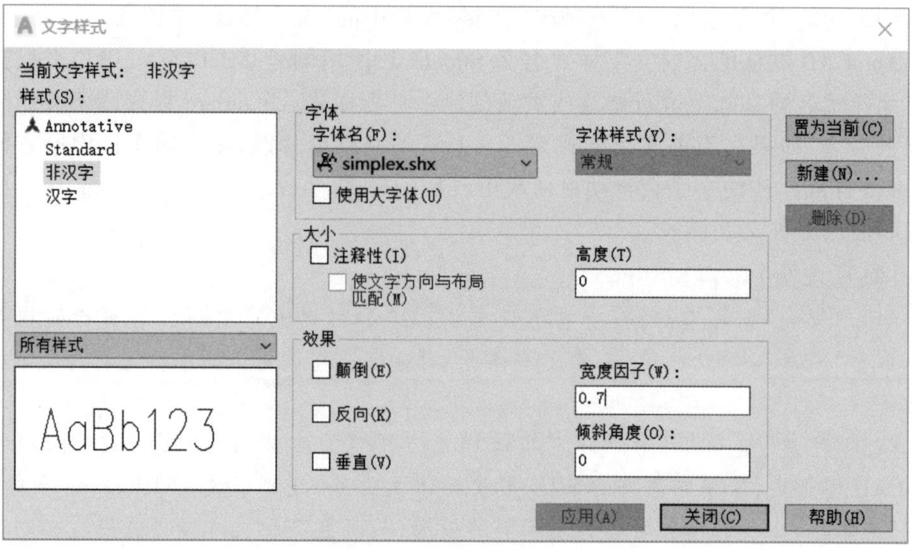

图 2-30　文字样式设置

【命令执行方式】

（1）命令行：DTEXT（快捷命令为 DT、TEXT）。

（2）菜单栏："绘图"→"文字"→"单行文字"命令。

（3）工具栏：单击"文字"工具栏中的"单行文字"按钮 A。

（4）功能区：单击"默认"选项卡"注释"面板中的"单行文字"按钮 A 或单击"注释"选项卡"文字"面板中的"单行文字"按钮 A。

【相关说明】

DTEXT 命令适用于标注的文本不太长的情况。执行命令时命令行提示如下：

当前文字样式：Standard　当前文字高度：2.500 0　注释性：否　对正：左

指定文字的起点或［对正（J）/样式（S）］:（指定文字的摆放点）

"对正（J）"：文字的各种对正关系。

"样式（S）"：修改当前标注文字的样式。

指定高度<2.500 0>:（指定文字的高度，只有当前文字样式没有固定高度时才显示"指定高度"提示）

指定文字的旋转角度<0>:（确定文字的旋转角度）

利用两种文字样式创建图 2-31 所示的汉字，"标准层平面图"字高为 700，"实训基地"字高为 500。

标准层平面图　实训基地

标准层平面图　**实训基地**

图 2-31　单行文字标注

2. 特殊字符

实际绘图过程中，有时需要标注一些特殊字符，如直径符号、半径符号、上划线、下划线等。但是这些字符无法从键盘上输入，AutoCAD 2021 提供了一些控制码，用来实现这些要求。常见的代码如表 2-1 所示。

在绘制结构施工图时，需要标注一些钢筋符号，这就需要将 TSSD 特殊字符复制到 AutoCAD 2021/Fonts 文件夹中，下面的字符才可用。常用的 TSSD 特殊字符编码如下。

表 2-1　特殊符号代码及含义

特殊符号	代码	含义
％％O	‾	上划线
％％U	_	下划线
％％C	φ	直径符号
％％D	°	度符号
％％P	±	正负公差符号
％％％	％	百分号

编码	表示	编码	表示
％％130	一级钢筋符号	％％131	二级钢筋符号
％％132	三级钢筋符号	％％133	四级钢筋符号
％％134	特殊钢筋	％％135	L 型钢
％％136	H 型钢	％％137	槽型钢
％％138	工字钢	％％140	上标文字开
％％141	上标文字关	％％142	下标文字开
％％143	下标文字关	％％144	文字放大 1.25 倍
％％145	文字缩小 0.8 倍	％％146	≤
％％147	≥	％％150	Ⅰ
％％151	Ⅱ	％％152	Ⅲ
％％153	Ⅳ	％％154	Ⅴ
％％155	Ⅵ	％％156	Ⅶ
％％157	Ⅷ	％％158	Ⅸ
％％159	Ⅹ		
％％200	圆中有一个字符的特殊文字的开始		

3. 多行文本标注

用多行文字可以创建复杂的文字说明,可由任意多行文字组成,所有的内容作为一个独立的实体,可以分别设置段落内文字的属性(高度、字体等);另外,还可以在多行文字编辑器中实现堆叠文字。

【命令执行方式】

(1) 命令行:MTEXT(快捷命令为 MT、T)。

(2) 菜单栏:"绘图"→"文字"→"多行文字"命令。

(3) 工具栏:单击"文字"工具栏中的"多行文字"按钮**A**。

(4) 功能区:单击"默认"选项卡"注释"面板中的"多行文字"按钮**A**或单击"注释"选项卡"文字"面板中的"多行文字"按钮**A**。

【相关说明】

执行命令时命令行提示如下:

当前文字样式:Standard　当前文字高度:2.5　注释性:否

指定第一角点:(在绘图区单击一点)

指定对角点或[高度(H)/对正(J)/行距(L)/旋转(R)/样式(S)/宽度(W)]:(在绘图区拖拽出一个矩形区域,会打开"文字编辑器"选项卡和"文字格式"对话框,如图 2-32 所示)

图 2-32 "文字格式"对话框

"高度(H)":"文字格式"对话框的高度。

"对正(J)":文字的位置(左上、中上、右上、左中、正中、右中、左下、中下、右下)。

"行距(L)":文字行与行之间的距离。

"旋转(R)":确定文字的旋转角度。

"样式(S)":指定文字的样式。

屋面工程

"宽度(W)":"文字格式"对话框的宽度。

屋面防水等级为二级,防水层合理使用年限:15年屋面采用有组织排水,内排水雨水

利用 **MT** 命令输入图 2-33 所示的内容,标题文字字高为 500,仿宋字体,内容部分文字字高为 350,仿宋字体。

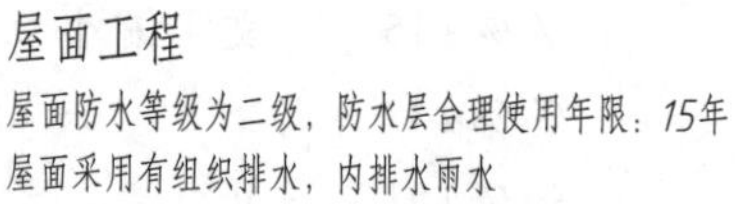

图 2-33 多行文字标注

【知识拓展】

单行文字和多行文字的区别。

(1)单行文字中每行文字都是一个独立的对象,当不需要多种字体或多行的内容时,可以创建单行文字。

(2)多行文字可以是一组文字,对于较长、较为复杂的内容,可以创建多行或段落文字。多行文字是由任意数目的文字行形成的段落组成的,数字布满指定的宽度时,可以沿垂直方向无限延长。多行文字,无论行数是多少,单个编辑任务中创建的每个段落集将构成单个对象,用户可对其进行移动、复制、旋转、删除、镜像等操作。

单行文字和多行文字之间的互相转换:多行文字用"分解"命令可分解成单行文字;选中单行文字后输入 **TEXT2MTEXT** 命令,即可将单行文字转换为多行文字。

4. 表格中多行文字的标注

要在多行文字中标注文字,调用命令后指定角点可直接旋转表格的两个对角点,然后选择"文字编辑器"选项卡,段落中对正方式为正中,也可以单击鼠标右键,在弹出的快捷菜单中选择对正方式。

2.4.4 文本编辑

1. 编辑文字内容

对已标注的文字,可以对其内容或属性进行修改,AutoCAD 2021 提供了多种方式启动文字编辑器,对于使用不同命令标注的对象,打开的对话框也不同。

【命令执行方式】

(1) 命令行:TEXTEDIT(快捷命令为 ED)。

(2) 菜单栏:"修改"→"对象"→"文字"→"编辑"命令。

(3) 工具栏:单击"文字"工具栏中的"编辑文字"按钮 A。

【相关说明】

选择文字对象,在"特性"管理器中亦可修改内容及其属性。

直接双击文字对象,或者右击文字对象,在弹出的快捷菜单中选择"编辑"命令。

执行命令后,会出现以下提示:

选择注释对象:(选择要编辑的文字、多行文字或标注对象,修改后单击鼠标左键)

① 如果选择的文本是用 TEXT 命令创建的单行文本,则系统会深显该文本,可对其进行修改。

② 如果选择的文本是用 MTEXT 命令创建的多行文本,选择对象后系统则打开"文字编辑器"选项卡和多行文字编辑器,对内容和格式进行修改。

2. 缩放文字

利用此功能,可以将同一图形中的各文字对象按同一比例同时放大或缩小,可以指定文字绝对高度、相对缩放比例因子或者匹配现有文字高度。

【命令执行方式】

(1) 命令行:SCALETEXT。

(2) 菜单栏:"修改"→"对象"→"文字"→"比例"命令。

(3) 工具栏:单击"文字"工具栏中的"比例"按钮 A。

【相关说明】

执行命令后,会出现以下提示:

选择对象:(在该提示下选择要修改比例的多个文字串)

输入缩放的基点选项[现有(E)/左(L)/中心(C)/中间(M)/右(R)/左上(TL)/中上(TC)/右上(TR)/左中(ML)/正中(MC)/右中(MR)/左下(BL)/中下(BC)/右下(BR)]<现有>:(此提示要求用户确定各字符串缩放时的基点。其中,"现有(E)"选项表示将以各字符串标注时的位置定义为基点;其他各项则表示各字符串均以对应选项表示的点为基点)

指定新高度或[匹配对象(M)/缩放比例(S)]:("指定新高度"选项用于为所编辑文字指定新的高度)

"匹配对象(M)"选项可使所编辑文字的高度与某一已有文字的高度相一致。

"缩放比例(S)"选项将按指定的缩放系数进行缩放。

3. 快速显示文字

如果图形中文字过多,打开 QTEXT 模式,所有文字位置处用一矩形代替,可以减少程序重画和重生成图形的时间,但在出图前必须将该命令关闭,否则只打印出一个方框。

单击"工具"下拉菜单中的"选项",打开"显示"选项卡,如图2-34所示,在"显示性能"选项组中勾选"仅显示文字边框"复选框。

图 2-34　"显示"选项卡

执行 QTEXT 命令时,命令行提示如下:

输入模式[开(ON)/关(OFF)]<关>:(输入 ON,打开快速显示文字,图形中已标注文字位置将以矩形框表示,如图2-35所示,打开或关闭后执行 RE(重生成命令))

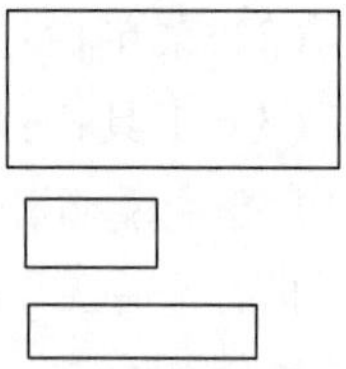

图 2-35　快速显示文字

2.4.5　字段

字段用于经常变化的文字和数据信息,如日期、图纸编号、房间面积等。字段文字带有灰色背景,该背景不会被打印。

1. 创建字段

【命令执行方式】

(1)命令行:FIELD。

(2)菜单栏:"插入"→"字段"命令。

(3)工具栏:单击"文字"工具栏→"多行文字"命令,在"多行文字"对话框中,单击"字段"。

执行"字段"命令后,打开图 2-36 所示的对话框。

2. 更新字段

当对象改变时,相应的字段内容也要改变,用户不需要手动逐个去修改,只需使用"更新字段"命令即可。

【命令执行方式】

(1)命令行:UPDATEFIELD。

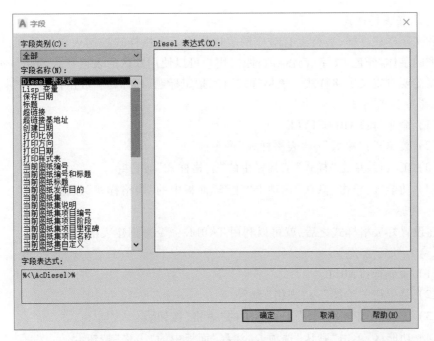

微课
字段练习

图 2-36　"字段"对话框

（2）菜单栏："工具"→"更新字段"命令。

【相关说明】

双击字段打开"文字格式"对话框，或者单击鼠标右键，在弹出的快捷菜单中选择"编辑字段"或"更新字段"命令。

【操作实例】

如图 2-37 所示，圆的半径为 100，修改圆的半径为 80，更新以该圆半径值为对象的字段，如图 2-38 所示。

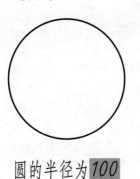

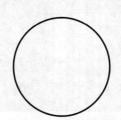

圆的半径为100

圆的半径为80

图 2-37　创建字段　　　　图 2-38　更新字段

2.4.6　创建表格

从 AutoCAD 2005 开始，AutoCAD 新增了"表格"绘图功能，可以方便地创建表格，修改表格的宽度、高度及表格内容，还可以在表格中使用公式。随着版本的不断升级，表格功能也在精益求精、日趋完善。

1. 定义表格样式

和文字样式一样,表格也有对应的表格样式。表格样式控制表格的外观,用于保证标准的字体、颜色、文字、高度和行距。用户可以使用默认的表格样式 Standard,也可以根据需要自定义表格样式。表格样式可以指定标题、列标题和数据行的格式。

【命令执行方式】

(1)命令行:TABLESTYLE。

(2)菜单栏:"格式"→"表格样式"命令。

(3)工具栏:单击"样式"工具栏中的"表格样式"按钮⊞。

(4)功能区:单击"默认"选项卡"注释"面板中的"表格样式"按钮⊞。

2. 创建表格

在设置好表格样式之后,就可以利用 TABLE 命令来创建表格。

【命令执行方式】

(1)命令行:TABLE。

(2)菜单栏:"绘图"→"表格"命令。

(3)工具栏:单击"绘图"工具栏中的"表格"按钮⊞。

(4)功能区:单击"默认"选项卡"注释"面板中的"表格"按钮⊞。

执行"表格"命令后,打开图 2-39 所示的对话框。

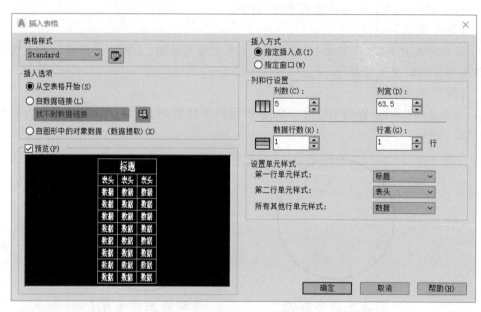

图 2-39　"插入表格"对话框

【选项说明】

(1)"表格样式"选项组:可以在"表格样式"下拉列表框中选择一种表格样式,也可以通过单击后面的⊞按钮来新建或修改表格样式。

(2)"插入选项"选项组:指定插入表格的方式。

①"从空表格开始"单选按钮:用于创建可以手动填充数据的空表格。

②"自数据链接"单选按钮:通过启动数据连接管理器来创建表格。

③"自图形中的对象数据(数据提取)"单选按钮:通过启动"数据提取"向导来创建表格。

(3)"插入方式"选项组。

①"指定插入点"单选按钮:用于指定表格左上角的位置。

②"指定窗口"单选按钮:用于指定表的大小和位置。选中该单选按钮时,行数、列数、列宽和行高取决于窗口的大小以及列和行的设置。

注意:在"插入方式"选项组中选中"指定窗口"单选按钮后,列与行设置的两个参数中只能指定一个,另外一个由指定窗口的大小自动等分来确定。

(4)"列和行设置"选项组:用于指定列和数据行的数目以及列宽与行高。

(5)"设置单元样式"选项组:指定"第一行单元样式""第二行单元样式"和"所有其他行单元样式"分别为标题、表头或者数据样式。

3. 在表格中输入文字

(1)在表格单元内双击鼠标左键,然后开始输入文字。

(2)使用箭头键在文字中移动光标,按<Enter>键可以向下移动一个单元。

(3)要在单元中创建换行符,可按<Alt+Enter>键。

(4)按<Tab>键可以移动到下一个单元,按<Shift+Tab>键移动到上一个单元。在表格的最后一个单元中,按<Tab>键可以添加一个新行。

4. 编辑表格

(1)利用夹点编辑表格。在表格边框线上单击鼠标左键,表格变成夹点模式,通过各个夹点可以修改表格的行高和列宽。如果在改变相邻两列间的宽度时不想改变表格的总宽度,可按下<Ctrl>键。

(2)利用"特性"管理器编辑表格。选择要编辑的单元格,单击"标准"工具栏中的"特性"按钮,打开"特性"选项板,用户可以对单元格宽度、高度、文字对正方式、内容及高度等属性进行修改。

(3)利用快捷菜单编辑表格。先选择要编辑的单元格,然后单击鼠标右键,会弹出快捷菜单,利用快捷菜单可以进行输入行和列、删除行和列以及合并单元等操作。

【操作实例】

创建图2-40所示的表格,"门窗表"字高为1 000,列标题字高为500,数据行字高为350,仿宋字体。

微课
门窗表

门窗表					
类别	编号	洞口尺寸/mm		数量	备注
		宽	高		
窗	C-1	3 000	2 820	12	
	C-2	1 500	2 120	6	
	C-4	1 800	2 120	10	
	M-1	1 500	2 100	12	
	M-2	1 000	2 100	6	

图2-40　门窗表

任务 2.5　二维图形的尺寸标注与编辑

尺寸标注是绘图过程中非常重要的一个环节。因为在各类施工图中,所绘制的图形仅仅反映了它们的形状,不反映图形的实际大小。要反映各图形对象的实际大小和相互之间的位置关系,只能通过尺寸标注来表达。没有正确的尺寸标注,绘制出的图样对于施工就没有意义,因此尺寸标注作为一种图形信息,是施工图中必不可少的一项内容。AutoCAD 2021 提供了方便、准确的尺寸标注功能。

本任务主要介绍尺寸的组成、尺寸标注样式的设置、尺寸标注的类型以及尺寸标注的编辑。

2.5.1　尺寸的基本定义

标注是向图形对象中添加测量注释的过程。标注可以分为两类,一类是图形对象的测量值,如房屋开间和进深的尺寸、圆的直径等;另一类是给图形对象进行文字描述或符号说明等,如屋面和地面的构造做法说明等。

1. 尺寸标注的组成

尺寸标注一般是由标注文字(即尺寸数字)、尺寸线、尺寸箭头(即尺寸起止符号)和尺寸界限等元素组成的,如图 2-41 所示;对于圆标注,还包括中心标记和中心线。

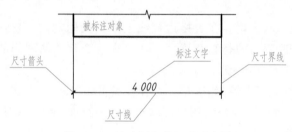

图 2-41　尺寸标注的组成示意图

【相关说明】

(1)尺寸标注具有关联性。尺寸标注的关联性是指标注尺寸和被标注对象之间有一种联系,若被标注对象发生变化,则系统会移动调整尺寸标注。

(2)尺寸标注是以块的形式显示的,因此,若选中尺寸标注的任一组成部分,则尺寸标注的所有组成部分都会被选中。

2. 尺寸标注的类型

在 AutoCAD 2021 中,用户可以沿各个方向为各种图形对象创建标注。尺寸标注的类型有线性尺寸标注、径向尺寸标注、角度尺寸标注、坐标尺寸标注、引线尺寸标注和中心尺寸标注等类型,如图 2-42 所示。

(1)线性尺寸标注:用来标注图形对象的长度,包括水平标注、垂直标注、对齐标注、旋转标注、基线标注和连续标注等。

(2)径向尺寸标注:用来标注圆或圆弧的半径和直径,包括半径标注和直径标注。

(3)角度尺寸标注:用来标注两条直线或三个点之间的角度。

（4）坐标尺寸标注：用来标注任一指定点的坐标值。

（5）引线尺寸标注：创建带有一个或多个引线的文字，标注注释、说明等。

（6）中心尺寸标注：包括圆心柱和圆心线标注。

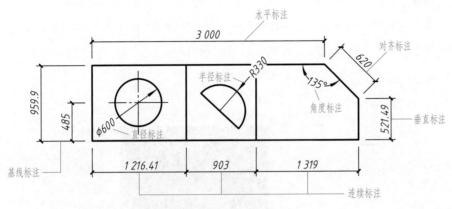

图 2-42　尺寸标注类型示意图

3. 尺寸标注工具栏

为了方便用户进行尺寸标注，AutoCAD 2021 提供了一套尺寸标注命令，它们在"标注"下拉菜单、"标注"工具栏和"默认"选项卡的"注释"面板中。

可以在 AutoCAD 界面的任一工具栏处单击鼠标右键，在弹出的快捷菜单中选择 AutoCAD→"标注"命令，即可打开"标注"工具栏，如图 2-43 所示。

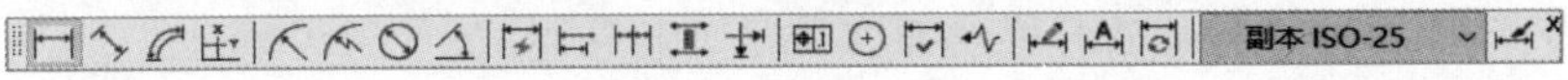

图 2-43　"标注"工具栏

4. 尺寸标注的步骤

（1）创建标注图层并使之成为当前图层：尺寸标注需单独创建一个图层（如"标注"层），并与图形对象的其他信息分开，以便于修改。

（2）创建文字样式：文字样式应符合国家及行业制图标准的规定。尺寸标注采用 simplex. shx 文字样式，宽高比改为 0.7。

（3）创建标注样式：标注样式也应符合国家及行业制图标准的规定。

（4）对图形对象进行标注：一般需要借助对象捕捉、对象追踪等功能进行。

2.5.2　新建或修改尺寸标注样式

在进行尺寸标注前，需要先创建尺寸标注的样式。标注样式是用来控制标注的外观和格式，如箭头样式、文字位置和主单位等。用户可以创建标注样式，并确保所创建的标注样式符合国家或行业制图标准。如果觉得使用的标注样式某些设置不合适，也可以修改标注样式。

1. "标注样式管理器"对话框

【命令执行方式】

（1）命令行：DIMSTYLE（快捷命令为 D）。

（2）菜单栏："标注"→"标注样式"命令或"格式"→"标注样式"命令。

（3）工具栏：单击"标注"工具栏中的"标注样式"按钮。

（4）功能区：单击"默认"选项卡"注释"面板中的"标注样式"按钮。

【选项说明】

采用上述任意一种方法，均会弹出"标注样式管理器"对话框，如图 2-44 所示。在该对话框中，用户可以进行标注样式的创建和编辑。

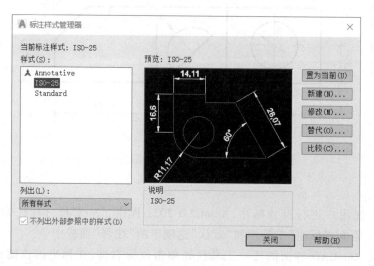

图 2-44　"标注样式管理器"对话框

说明：不能删除当前标注样式或正在使用的标注样式。

（1）"样式"列表框：该列表框中显示了图形中所有的尺寸标注样式，高亮显示的是当前尺寸标注样式。单击某个样式，则该样式将高亮显示，其显示效果可在"预览"框中显示，并在"说明"栏中显示出相应的说明。

也可在某个标注样式上单击鼠标右键，弹出快捷菜单，利用快捷菜单可进行"置为当前""重新命名""删除"等操作。

（2）"列出"下拉列表框：用于设置"样式"列表框中所显示的标注样式，包括"所有样式"和"正在使用的样式"两个选项。

（3）"不列出外部参照中的样式"复选框：用于设置是否在"样式"列表框中显示外部参照中所包含的标注样式。

（4）"预览"：在该区域显示所选定标注样式的预览图形。

（5）"置为当前"按钮：单击该按钮，将"样式"列表框中选择的标注样式置为当前标注样式。

（6）"新建"按钮：用于创建新的标注样式。单击该按钮，将弹出"创建新标注样式"对话框，如图 2-45 所示。

①"新样式名"文本框：用于为新的尺寸标注样式命名。系统默认的新标注样式

图 2-45　"创建新标注样式"对话框

的名称为"副本 ISO-25",用户可使用该名称,也可以定义新的名称,如"建筑标注"等。

②"基础样式"下拉列表框:选择新创建的标注样式所基于的标注样式。单击"基础样式"下拉列表框,打开当前已有的样式列表,从中选择一个作为定义新样式的基础,新的样式是在所选样式的基础上修改一些特性得到的。

③"用于"下拉列表框:用于指定新样式应用的尺寸类型。单击该下拉列表框,打开尺寸类型列表,如果新建样式应用于所有尺寸,则选择"所有标注"选项;如果新建样式只应用于特定的尺寸标注(如只在标注直径时使用此样式),则选择相应的尺寸类型。

设置好以上 3 项后,单击"继续"按钮,则打开"新建标注样式"对话框,利用该对话框可对新标注样式的各项特性进行设置。

(7)"修改"按钮:用于修改一个已存在的尺寸标注样式。单击该按钮,打开"修改标注样式"对话框,该对话框中的各选项与"新建标注样式"对话框中完全相同,使用它可以对已有标注样式进行修改。

(8)"替代"按钮:用于设置临时覆盖尺寸标注。单击该按钮,打开"替代当前样式"对话框,该对话框中的各选项与"新建标注样式"对话框中完全相同。

(9)"比较"按钮:用于比较两个尺寸标注样式在参数上的差别,或浏览一个尺寸标注样式的参数设置。单击该按钮,打开"比较标注样式"对话框,如图 2-46 所示,在该对话框中列出了两个尺寸标注样式的差别。

其中,"新建标注样式"对话框、"替代当前样式"对话框、"修改标注样式"对话框中所包含的内容相同,设置也相同。

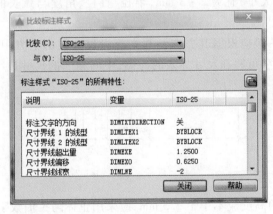

图 2-46　"比较标注样式"对话框

2. 创建新尺寸标注样式

说明:在《房屋建筑制图统一标准》(GB 50001—2017)中,对尺寸标注的规定如下:

(1)尺寸线应用细实线绘制,一般应与被注长度平行,图样本身的任何图线不得用作尺寸线。

(2)尺寸界线应用细实线绘制,一般应与被注长度垂直,其一端离开图样轮廓线(即起点偏移量)不小于 2 mm,另一端宜超出尺寸线 2~3 mm。图样轮廓线可用作尺寸界线,如图 2-47 所示。

微课
尺寸标注样式创建

（3）总尺寸的尺寸界线应靠近所指部位,中间部分尺寸的尺寸界线可稍短,但其长度应相等。

（4）图样轮廓线可以用作尺寸界线。图样轮廓线以外的尺寸界线,距图样最外轮廓线之间的距离不宜小于 10 mm。

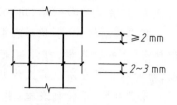

图 2-47　尺寸界线

（5）互相平行的尺寸线,应从被注写的图样轮廓线由近向远排列整齐,较小尺寸应离轮廓线较近,较大尺寸应离轮廓线较远;平行排列的尺寸线的间距(即基线间距)宜为 7 ~ 10 mm,并应保持一致,如图 2-48 所示。

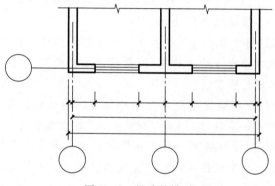

图 2-48　尺寸的排列

（6）尺寸起止符号一般用粗短斜线绘制,其倾斜方向一般应与尺寸界线成顺时针 45°角,长度(即箭头大小)宜为 2 ~ 3 mm,半径、直径、角度与弧长的尺寸起止符号,宜用箭头表示。

（7）尺寸数字一般应根据其方向注写在靠近尺寸线的上方中部。如注写位置不够,最外边的尺寸数字可写在尺寸界限的外侧,中间相邻的尺寸数字可错开注写,如图 2-49 所示。

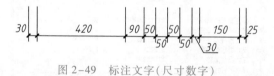

图 2-49　标注文字(尺寸数字)

（8）标注文字的高度应不小于 2.5 mm,应采用正体阿拉伯数字。

（9）图样上的尺寸单位,除标高及总平面图以 m 为单位外,其他必须以 mm 为单位。

（10）尺寸宜标注在图样轮廓以外,不宜与图线、文字及符号等相交。

2.5.3　线性尺寸的标注

线性尺寸标注是用于标注图形对象中两点间的长度,包括水平标注、垂直标注、旋转标注、连续标注、对齐标注、基线标注 6 种类型。AutoCAD 根据指定的尺寸界线原点和指定的位置自动应用水平、垂直等标注。

1. 线性标注

在 AutoCAD 中,可以通过线性标注命令标注水平尺寸、垂直尺寸和旋转尺寸,可以标注直线和两点之间的距离,创建时可修改标注文字内容及角度、尺寸线的角度等。

【命令执行方式】

(1) 命令行:DIMLINEAR(快捷命令为 DLI)。

(2) 菜单栏:"标注"→"线性"命令。

(3) 工具栏:单击"标注"工具栏中的"线性"按钮 。

(4) 功能区:单击"默认"选项卡"注释"面板中的"线性"按钮 或单击"注释"选项卡"标注"面板中的"线性"按钮 。

【操作步骤】

采用上述任意一种方式启动 DIMLINEAR 命令后,在命令行中均会出现以下提示:

指定第一条尺寸界线原点或<选择对象>:(有"选择对象"和"指定第一条尺寸界线原点"两种选择方式)

选定一点作为第一条尺寸界线的起始点并按<Enter>键或单击鼠标左键

指定第二条尺寸界线原点:(选定一点作为第二条尺寸界线的起始点,并按<Enter>键)

指定尺寸线位置或[多行文字(M)/文字(T)/角度(A)/水平(H)/垂直(V)/旋转(R)]:(在该提示下,确定尺寸线的位置,用户可指定点或选择选项)

多行文字(M):用多行文本编辑器确定尺寸文本。

文字(T):通过命令行输入或编辑尺寸文本。输入 T 并按<Enter>键,在命令行中会出现以下提示:

输入标注文字<59.95>:(输入新的尺寸值,<>表示默认值)。

角度(A):用于确定尺寸文本的倾斜角度。

水平(H):水平标注尺寸,无论标注什么方向的线段,尺寸线总保持水平放置。

垂直(V):垂直标注尺寸,无论标注什么方向的线段,尺寸线总保持垂直放置。

旋转(R):输入尺寸线旋转的角度值,用于旋转标注尺寸。

水平、垂直及旋转标注示意图如图 2-50 所示。

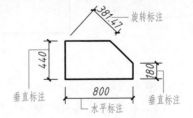

图 2-50　水平、垂直及旋转标注示意图

微课
线形尺寸的标注

2. 对齐标注

对齐标注是指所标注尺寸的尺寸线与两条尺寸界线起始点间的连线平行。

【命令执行方式】

(1) 命令行:DIMALIGNED(快捷命令为 DAL)。

(2) 菜单栏:"标注"→"对齐"命令。

(3) 工具栏:单击"标注"工具栏中的"对齐"按钮 。

(4) 功能区:单击"默认"选项卡"注释"面板中的"对齐"按钮 或单击"注释"选项卡"标注"面板中的"对齐"按钮 。

【操作步骤】

对齐标注的操作步骤同线性标注。对齐标注命令标注的尺寸线与所标注轮廓线平行,标注起始点到终点之间的距离尺寸。其示意图如图 2-51 所示。

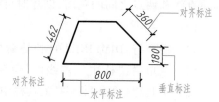

图 2-51　对齐标注示意图

3. 基线标注

基线标注是指从同一基线处测量的多个标注,适用于长度尺寸、角度和坐标标注。在施工图中,经常以某一个线或面作为基准进行标注,标注多个定位尺寸。

【命令执行方式】

(1) 命令行:DIMBASELINE(快捷命令为 DBA)。

(2) 菜单栏:"标注"→"基线"命令。

(3) 工具栏:单击"标注"工具栏中的"基线"按钮。

(4) 功能区:单击"注释"选项卡"标注"面板中的"基线"按钮。

【操作步骤】

操作步骤同前,基线标注示意图如图 2-52 所示。

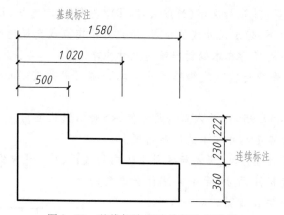

图 2-52　基线标注和连续标注示意图

【相关说明】

(1) 在标注基线尺寸前,必须存在一个尺寸标注,否则不能调用。如果当前任务中未创建任何标注,AutoCAD 会提示用户选择一个线性标注或角度标注,以用作基线标注的基准。

(2) 默认情况下,使用基准标注的第一条尺寸界线作为基线标注的尺寸界线原点。

4. 连续标注

连续标注也称为尺寸链标注,用于产生一系列连续的尺寸标注,后一个尺寸标注均把前一个标注的第二条尺寸界线作为它的第一条尺寸界线。适用于长度尺寸、角度和坐标标注。连续标注就是多个首尾相连的标注。与基线标注类似,在使用连续标注方式之前,也需要先标注出一个相关的尺寸。

【命令执行方式】

(1) 命令行:DIMCONTINUE(快捷命令为 DCO)。

(2) 菜单栏:"标注"→"连续"命令。

(3) 工具栏:单击"标注"工具栏中的"连续"按钮⊩⊩。

(4) 功能区:单击"注释"选项卡"标注"面板中的"连续"按钮⊩⊩。

【操作步骤】

操作步骤同前,连续标注示意图如图 2-52 所示。

【相关说明】

同基线尺寸标注类似,在创建连续标注前,必须创建一个线性、坐标或角度尺寸,否则不能调用。

基线(或平行)和连续标注是一系列基于线性标注的连续标注,连续标注是首尾相连的多个标注。在创建基线或连续标注之前,必须创建线性、对齐或角度标注。可从当前任务最近创建的标注中以增量方式创建基线标注。

2.5.4　半径、直径、角度的标注

在工程制图中,角度标注用于圆弧包含角、两条非平行线的夹角以及三点之间夹角的标注。直径标注用于圆弧或圆的直径尺寸标注,半径标注用于圆弧或圆的半径尺寸标注。

1. 半径标注

半径标注用于创建圆或圆弧的半径标注,并显示前面带有半径符号 *R* 的标注文字。

微课
半径、直径、角度
标注

【命令执行方式】

(1) 命令行:DIMRADIUS(快捷命令为 DRA)。

(2) 菜单栏:"标注"→"半径"命令。

(3) 工具栏:单击"标注"工具栏中的"半径"按钮⟋。

(4) 功能区:单击"默认"选项卡"注释"面板中的"半径"按钮⟋或单击"注释"选项卡"标注"面板中的"半径"按钮⟋。

【操作步骤】

启动半径标注命令后,在命令行中均会出现以下提示:

选择圆或圆弧:(选择需要标注的圆或圆弧)

指定尺寸线位置或[多行文字(M)/文字(T)/角度(A)]:(指定点或输入选项,在此提示下,指定一点作为尺寸线的角度和标注文字的位置,或者输入选项编辑标注文字的内容和角度等)

半径标注示意图如图 2-53 所示。

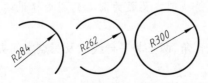

图 2-53　半径标注示意图

2. 直径标注

直径标注用于创建圆或圆弧的直径标注,并显示前面带有直径符号 φ 的标注文字。

【命令执行方式】

(1) 命令行:DIMDIAMATER(快捷命令为 DDI)。

(2) 菜单栏:"标注"→"直径"命令。

(3) 工具栏:单击"标注"工具栏中的"直径"按钮 。

(4) 功能区:单击"默认"选项卡"注释"面板中的"直径"按钮 或单击"注释"选项卡"标注"面板中的"直径"按钮 。

【操作步骤】

操作步骤同半径标注,直径标注示意图如图 2-54 所示。

图 2-54　直径标注示意图

【选项说明】

(1) 尺寸线位置:确定尺寸线的角度和标注文字的位置。如果未将标注放置在圆弧上而导致标注指向圆弧外,则 AutoCAD 2021 会自动绘制圆弧延伸线。

(2) 多行文字(M):显示在位文字编辑器,可用它来编辑标注文字。

(3) 文字(T):自定义标注文字,生成的标注测量值显示在尖括号"<>"中。

(4) 角度(A):修改标注文字的角度。

3. 圆心标记

在 AutoCAD 中,用户可以使用圆心标记命令创建圆和圆弧的圆心标记或中心线,并在设置标注样式时指定它们的大小。

【命令执行方式】

(1) 命令行:DIMCENTER(快捷命令为 DCE)。

(2) 菜单栏:"标注"→"圆心标记"命令。

(3) 工具栏:单击"标注"工具栏中的"圆心标记"按钮 ⊕。

(4) 功能区:单击"注释"选项卡"标注"面板中的"直径"按钮 ⊕。

【操作步骤】

采用上述任意一种方式启动 DIMCENTER 命令后,在命令行中均会出现以下提示:

选择圆或圆弧:(使用对象选择方法,选择需要标注圆心的圆或圆弧,系统将自动将圆心位置标注出来,如图 2-55 所示。)

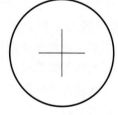

图 2-55　圆心标记
示意图

【相关说明】

(1) 中心线的尺寸是指从圆或圆弧的圆心标记端点向外延伸的中心线线段的长度,即中心标记与中心线起点之间的距离。

(2) 圆心标记的尺寸是从圆或圆弧的圆心到圆心标记端点之间的距离。

4. 角度标注

角度标注用于圆弧包含角、两条非平行线以及三点之间夹角的标注。

【命令执行方式】

(1) 命令行:DIMANGULAR(快捷命令为 DAN)。

（2）菜单栏："标注"→"角度"命令。

（3）工具栏：单击"标注"工具栏中的"角度"按钮△。

（4）功能区：单击"默认"选项卡"注释"面板中的"角度"按钮△或单击"注释"选项卡"标注"面板中的"角度"按钮△。

【操作步骤】

采用上述任意一种方式启动 DIMANGULAR 命令后，在命令行中均会出现以下提示：

选择圆弧、圆、直线或<指定顶点>：（选择需要标注的圆、圆弧或直线，或者直接按<Enter>键。）

此时根据需要进行角度标注。

如果尺寸线与被标注的直线不相交，将根据需要添加尺寸界线，以延长一条或两条直线，如图 2-56 所示。

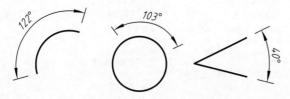

图 2-56　角度标注示意图

5. 折弯标注

【命令执行方式】

（1）命令行：DIMJOGGED（快捷命令为 DJO 或 JOG）。

（2）菜单栏："标注"→"折弯"命令。

（3）工具栏：单击"标注"工具栏中的"折弯"按钮。

（4）功能区：单击"默认"选项卡"注释"面板中的"折弯"按钮或单击"注释"选项卡"标注"面板中的"折弯"按钮。

【操作步骤】

采用上述任意一种方式启动 DIMJOGGED 命令后，在命令行中均会出现以下提示：

选择圆弧或圆：（选择圆弧或圆。）

指定图示中心位置：指定一点

指定尺寸线位置或[多行文字（M）/文字（T）/角度（A）]：（指定一点或旋转某一选项。）

指定折弯位置：

2.5.5　引线、坐标标注

1. 引线标注

AutoCAD 2021 提供了引线标注功能，利用该功能不仅可以标注特定的尺寸（如圆角、倒角等），还可以在图中添加多行旁注、说明。在引线标注中，指引线可以是折线，也可以是曲线，指引线端部可以有箭头，也可以没有箭头。

【命令执行方式】

命令行:QLEADER(快捷命令为 LE)。

【操作步骤】

启动 QLEADER 命令后,在命令行中会出现以下提示:

指定第一个引线点或[设置(S)]<设置>:(指定第一个引线点或者直接按<Enter>键。在此提示下,有"第一个引线点"和"设置"两种选择方式)

例如,选择设置,输入"S"或者直接按<Enter>键,将弹出"引线设置"对话框,如图 2-57 所示。

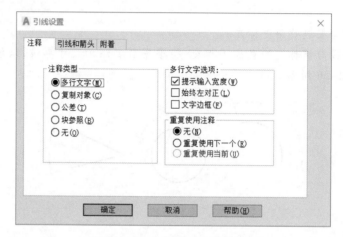

图 2-57   "引线设置"对话框

"引线设置"对话框中各选项的含义如下:

(1)"注释"选项卡。该选项卡由"注释类型""多行文字选项"和"重复使用注释"3 个部分组成。

① 注释类型。设置引线的注释类型,选择的类型将改变 QLEADER 引线注释提示。

a. 多行文字:提示创建多行文字注释。

b. 复制对象:提示用户复制多行文字、单行文字、公差或块等对象。

c. 公差:用于在引线终点上标注尺寸公差。

d. 块参照:用于在引线终点插入一个块参照。

e. 无:用于创建无注释的引线(即在引线终点不标注任何注释)。

② 多行文字选项。设置多行文字选项,该选项只有在选定了"多行文字"注释类型时才可用。

a. 提示输入宽度:提示指定多行文字注释的宽度。

b. 始终左对正:选中该复选框,表示无论引线位置在何处,多行文字注释都应靠左对正。

c. 文字边框:选中该复选框,表示在多行文字注释周围放置边框。

③ 重复使用注释。用于设置是否使用引线注释。

a. 无:选中该单选按钮,表示不重复使用注释。

b. 重复使用下一个:选中该单选按钮,表示以后所有的注释都使用下一个注释。

c. 重复使用当前:选中该单选按钮,表示使用当前注释。

（2）"引线和箭头"选项卡。如图 2-58 所示,该选项卡用于设置引线和箭头格式,由"引线""箭头""点数"和"角度约束"4 个部分组成。

① 引线。

a. 直线:选中该单选按钮,则选择引线标注为直线。

b. 样条曲线:选中该单选按钮,则选择引线标注为样条曲线。

② 箭头:该部分用于设置引线箭头样式,如图 2-59 所示。

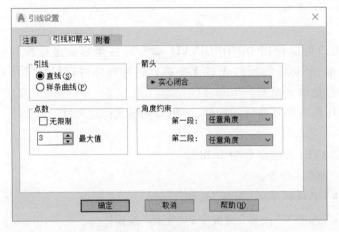

图 2-58 "引线和箭头"选项卡   图 2-59 "箭头"下拉列表框

③ 点数:该部分用于设置引线的点数。可以选中"无限制"复选框,也可以输入点数的最大值。如果将此选项设置为"无限制",则 QLEADER 命令会一直提示指定引线点,直到用户按<Enter>键。

④ 角度约束:该部分用于设置第一条与第二条引线的角度约束。

a. 第一段:用于设置第一段引线的角度。

b. 第二段:用于设置第二段引线的角度。

（3）"附着"选项卡。如图 2-60 所示,该选项卡用于设置引线与"多行文字"类型注释的附着位置。只有在"注释"选项卡上选定"多行文字"时,该选项卡才可用。

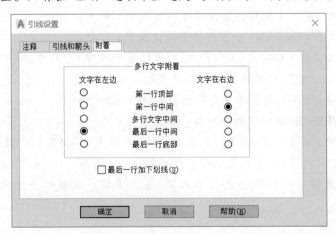

图 2-60 "附着"选项卡

① 第一行顶部:将引线附着到多行文字的第一行顶部。

② 第一行中间:将引线附着到多行文字的第一行中间。

③ 多行文字中间:将引线附着到多行文字的中间。

④ 最后一行中间:将引线附着到多行文字的最后一行中间。

⑤ 最后一行底部:将引线附着到多行文字的最后一行底部。

⑥ 最后一行加下划线(U):该复选框用于设置是否在多行文字最后一行加下划线。

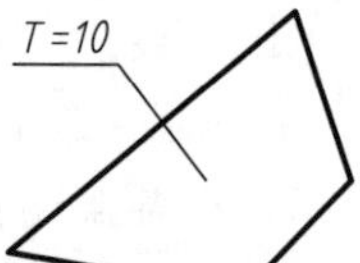

引线标注示意图如图 2-61 所示。

图 2-61　引线标注示意图

微课

引线、坐标、快速标注

2. 坐标标注

在 AutoCAD 2021 中,用户可以使用 DIMORDINATE 命令标注坐标。坐标标注命令是显示基于原点(成为基准)到标注特征的 X 或 Y 坐标。这种标注可以保持特征点与基准点的精确移量,从而避免增大误差。

在建筑施工图中,对于外形为非圆曲线的构件,可用坐标形式标注尺寸。

【命令执行方式】

(1) 命令行:DIMORDINATE(快捷命令为 DOR)。

(2) 菜单栏:"标注"→"坐标"命令。

(3) 工具栏:单击"标注"工具栏中的"坐标"按钮。

(4) 功能区:单击"默认"选项卡"注释"面板中的"坐标"按钮。

【操作步骤】

采用上述任意一种方式启动 DIMORDINATE 命令后,在命令行中均会出现以下提示:

指定点坐标:(指定点或捕捉对象)

指定引线端点或[X 基准(X)/Y 基准(Y)/多行文字(M)/文字(T)/角度(A)]:(指定点或输入选项)

(1) 指定引线端点:确定引线端点。系统将根据所确定的两点之间的坐标差确定它是 X 坐标标注还是 Y 坐标标注,并将该坐标尺寸标注在引线的终点处。如果 X 坐标之差大于 Y 坐标之差,则标注 X 坐标;反之,标注 Y 坐标。

(2) X 基准:标注 X 坐标并确定引线和标注文字的方向。

输入"X"并按<Enter>键,命令行将会继续提示:

指定引线端点或[X 基准(X)/Y 基准(Y)/多行文字(M)/文字(T)/角度(A)]:(指定端点或输入选项)则系统将自动在终点处生成 X 坐标。

(3) Y 基准:标注 Y 坐标并确定引线和标注文字的方向。

输入"Y"并按<Enter>键,命令行将会继续提示:

指定引线端点或[X 基准(X)/Y 基准(Y)/多行文字(M)文字(T)/角度(A)]:(指定端点或输入选项)则系统将自动在终点处生成 Y 坐标。

(4) 其他选项的操作和前述内容相同,在此省略。坐标标注示意图如图 2-62 所示。

3. 快速标注

AutoCAD 提供了 QDIM 命令进行快速标注,快速标注可以快速创建或编辑一系列标注。当创建系列基线、连续标注,或者是一系列圆或圆弧创建标注时,此命令特别有用。

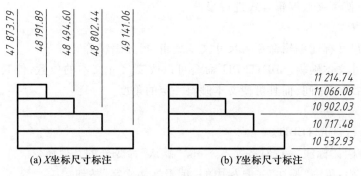

图 2-62　坐标标注示意图

【命令执行方式】

(1) 命令行:QDIM(快捷命令为 QD)。

(2) 菜单栏:"标注"→"快速标注"命令。

(3) 工具栏:单击"标注"工具栏中的"快速标注"按钮 ⚡。

(4) 功能区:单击"注释"选项卡"标注"面板中的"快速标注"按钮 ⚡。

【操作步骤】

采用上述任意一种方式启动 QDIM 命令后,在命令行中均会出现以下提示:

选择要标注的几何图形:(选择要标注的对象或要编辑的标注,并按<Enter>键。)

指定尺寸线位置或[选择(C)/并列(S)/基线(B)/坐标(O)/半径(R)/直径(D)/基准点(P)/编辑(E)/设置(T)]<连续>:

(1) 连续、并列、基线、坐标、半径、直径:分别表示创建一系列连续、并列、基线、坐标、半径、直径标注。

(2) 基准点:为基线和坐标标注设置新的基准点。

输入"P"并按<Enter>键,在命令行中将会出现以下提示:

选择新的基准点:(指定点,程序将返回到上一个提示。)

(3) 编辑:用于编辑一系列标注,将提示用户在现有标注中添加或删除点。

输入"B"并按<Enter>键,在命令行中将会出现以下提示:

指定要删除的标注点或[添加(A)/退出(X)]<退出>或按<Enter>键,返回到上一个提示。

(4) 设置:为指定尺寸界线原点设置默认对象捕捉。

输入"E"并按<Enter>键,在命令行中将会出现以下提示:

关联标注优先级[端点(E)/交点(I)]:(选择后,程序将返回到上一个提示。)

2.5.6　编辑尺寸标注

在创建标注样式后,用户经常又要对标注的尺寸进行修改。AutoCAD 2021 允许对已经创建好的尺寸标注进行编辑修改,包括修改尺寸文本的内容、改变文字位置、使尺寸文本倾斜一定的角度等,还可以对尺寸界线进行编辑。

AutoCAD 2021 提供了多种方法对尺寸标注进行编辑,可以使用复制、移动、分解等命令对标注对象进行编辑,也可以使用 AutoCAD 2021 提供的尺寸标注编辑命令进行编辑,还可以使用夹点编辑方式进行编辑。

1. 命令编辑方式

常见的尺寸标注编辑命令有尺寸文本编辑、尺寸编辑等。

(1) 尺寸文本编辑。DIMTEDIT 命令可以改变尺寸文本的位置,使其位于尺寸线上面左端、右端或中间,而且可使文本倾斜一定的角度。

【命令执行方式】

① 命令行:DIMTEDIT。

② 菜单栏:"标注"→"对齐文本"→除"默认"命令外的其他命令。

③ 工具栏:单击"标注"工具栏中的"编辑标注文字"按钮 。

【操作步骤】

采用上述任意一种方式启动 DIMTEDIT 命令后,在命令行中均会出现以下提示:

选择标注:(选择需要编辑的尺寸标注)

指定标注文字的新位置或[左(L)/右(R)/中心(C)/默认(H)/角度(A)]:(在该提示下,确定标注文字的新位置,用户可指定点或输入选项)

(2) 尺寸编辑。利用 DIMEDIT 命令可以修改已有尺寸标注的文本内容,把尺寸文本倾斜一定的角度,还可以对尺寸界线进行修改,使其旋转一定的角度,从而标注一段线段在某一方向上的投影尺寸。编辑标注命令可以同时对多个尺寸进行编辑。

【命令执行方式】

① 命令行:DIMEDIT(快捷命令为 DED)。

② 菜单栏:"标注"→"对齐文本"→"默认"命令。

③ 工具栏:单击"标注"工具栏中的"编辑标注"按钮 。

【操作步骤】

采用上述任意一种方式启动 DIMEDIT 命令后,在命令行中均会出现以下提示:

输入标注编辑类型[默认(H)/新建(N)/旋转(R)/倾斜(O)]<默认>:(选择需要编辑的类型。)

此提示下有 4 个选项,输入"O"并按<Enter>键,则在命令行中会出现以下提示:

选择对象:(选择一个标注尺寸对象,同时系统会反复出现此提示,可以选择多个尺寸标注,按<Enter>键或单击鼠标右键结束。)

输入倾斜角度(按<Enter>键表示无):(输入一个角度值,并按<Enter>键;若直接按<Enter>键,则尺寸界线不倾斜。)

2. 夹点编辑方式

夹点编辑可用于标注文字及尺寸线的移动、尺寸的拉伸等。它是一种很有效的编辑方式。下面通过几个实例来讲解尺寸标注的夹点编辑方式。

(1) 标注文字及尺寸线的移动

① 选择一个要编辑的尺寸标注,如图 2-63(a)所示。

② 激活标注文字中间的夹点,拖动鼠标左键来移动标注文字的位置,如图 2-63(b)所示。

③ 移动到指定位置后,单击鼠标左键,则移动后的效果如图 2-63(c)所示。

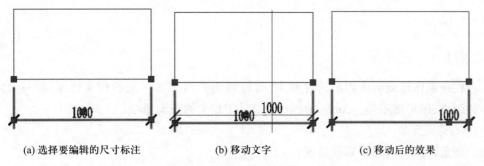

| (a) 选择要编辑的尺寸标注 | (b) 移动文字 | (c) 移动后的效果 |

图 2-63　标注文字的移动过程示意图

同样地,尺寸线的移动过程如图 2-64 所示。

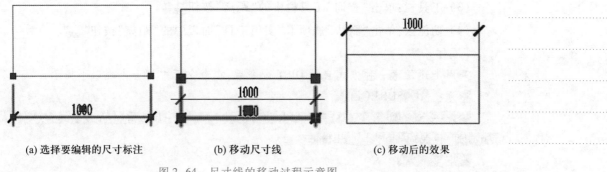

| (a) 选择要编辑的尺寸标注 | (b) 移动尺寸线 | (c) 移动后的效果 |

图 2-64　尺寸线的移动过程示意图

(2) 尺寸的拉伸

① 选择一个要编辑的尺寸标注,如图 2-65(a)所示。

② 激活标注圆点的夹点,拖动鼠标左键到新标注的点,如图 2-65(b)所示。

③ 移动到新标注的点的位置后,单击鼠标左键,则拉伸后的效果如图 2-65(c)所示。

微课
尺寸编辑

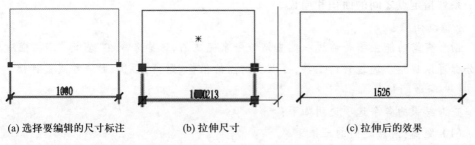

| (a) 选择要编辑的尺寸标注 | (b) 拉伸尺寸 | (c) 拉伸后的效果 |

图 2-65　尺寸的拉伸过程示意图

(3) 使用"对象特征"选项板编辑尺寸标注

在 AutoCAD 2021 中,和图形、文字一样,用户可以使用"特性"选项板对尺寸标注进行编辑,可以调整尺寸的直线、箭头、标注文字的样式和大小等内容。

任务 2.6　块及其属性的应用

2.6.1　对象查询

在绘制图形或阅读图形的过程中,有时需要查询图形对象的相关数据,如对象之间的距离、图形面积等。AutoCAD 2021 提供了相关的查询命令。

1. 查询距离

测量两点之间的距离和角度。

【命令执行方式】

(1) 命令行:DIST。

(2) 菜单栏:"工具"→"查询"→"距离"命令。

(3) 工具栏:单击"查询"工具栏中的"距离"按钮 ⟷ 。

(4) 功能区:单击"默认"选项卡"实用工具"面板中的"距离"按钮 ⟷ 。

【操作步骤】

采用上述任意一种方式启动 DIST 命令后,在命令行中均会出现以下提示:

命令:_MEASUREGEOM

输入一个选项[距离(D)/半径(R)/角度(A)/面积(AR)/体积(V)/快速(Q)/模式(M)/退出(X)]<距离>:_distance

指定第一点:

指定第二个点或[多个点(M)]:

距离 =7 783.871 7,XY 平面中的倾角 =196, 与 XY 平面的夹角 =0

X 增量 =−7 484.338 7, Y 增量 =−2 138.535 3, Z 增量 =0.000 0

输入一个选项[距离(D)/半径(R)/角度(A)/面积(AR)/体积(V)/快速(Q)/模式(M)/退出(X)]<距离>:

参照上述方法,单击"默认"选项卡"实用工具"面板中的"面积"按钮 ◺ ,系统会计算一系列指定点之间的面积和周长。

【知识拓展】

图形查询功能主要是通过一些查询命令来完成的,这些命令在"查询"工具栏中大部分都可以找到。通过查询工具,可以查询点的坐标、距离、面积、面域和质量特性。

【选项说明】

查询结果的各个选项说明如下:

(1) 距离:两点之间的三维距离。

(2) XY 平面中的倾角:两点之间连线在 XY 平面上的投影与 X 轴的夹角。

(3) 与 XY 平面的夹角:两点之间连线与 XY 平面的夹角。

(4) Z 增量:第二点 X 坐标相对于第一点 X 坐标的增量。

(5) Y 增量:第二点 Y 坐标相对于第一点 Y 坐标的增量。

(6) X 增量:第二点 Z 坐标相对于第一点 Z 坐标的增量。

2. 查询对象状态

查询对象状态显示图形的统计信息、模式和范围。

【命令执行方式】

（1）命令行：STATUS。

（2）菜单栏："工具"→"查询"→"状态"命令。

【操作步骤】

执行上述命令之后，若命令行关闭，系统自动打开 AutoCAD 文本窗口，显示当前所有文件的状态，包括文件中的各种参数状态以及文件所在磁盘的使用状态，如图 2-66 所示。若命令行打开，则在命令行显示当前所有文件的状态。

列表显示、点坐标、时间、系统变量等查询工具与查询对象状态的方法和功能相似，这里不再赘述。

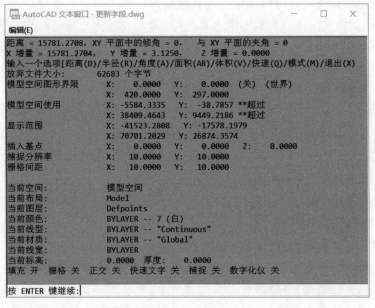

图 2-66　AutoCAD 文本窗口

2.6.2　图块

图块，也称为块。它是由一组图形对象组成的集合，一组对象一旦被定为图块，它们将成为一个整体，选中图块任意一个图形对象即可选中构成图块的所有对象。Auto-CAD 2021 把一个图块作为一个对象进行编辑修改等操作，用户可根据绘图需要把图块插入图中指定的位置，在插入时还可以指定不同的缩放比例和旋转角度。如果需要对组成图块的单个图形对象进行编辑修改，就需要使用"分解"命令将图块炸开，分解成若干个对象。图块还可以重新定义，一旦被重新定义，整个图中基于该图块的对象都将随之改变。图块又分为内部图块和外部图块。

1. 定义图块

将图形创建为一个整体形成块，以方便在作图时插入同样的图形，不过这个块只相对于当前图纸,其他图纸不能插入此块,此图块为内部图块。

【命令执行方式】

（1）命令行：BLOCK(快捷命令为 B)。

（2）菜单栏："绘图"→"块"→"创建"命令。

（3）工具栏：单击"绘图"工具栏中的"创建块"按钮 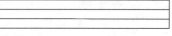。

（4）功能区：单击"默认"选项卡"块"面板中的"创建块"按钮，或单击"插入"选项卡"块定义"面板中的"创建块"按钮。

微课
创建"窗"块

【操作实例】

在 0 层上绘制出 1 500 mm×240 mm 的四线窗户图例,如图 2-67 所示,利用创建块命令将其创建为图块。

2. 图块的存盘

利用创建块命令定义的图块保存在其所属的图形当中,该图块只能在该图形中插入和使用,而不能插入到其他图形中。但是有些图块在许多图形中能够经常用到,这时就可以使用 WBLOCK 命令把图块以图形文件的形式(也可称为外部图块,后缀为 . dwg)写入磁盘。这种方式保存的图块可以在任意图形中用 INSERT 命令插入。

图 2-67　四线窗户图例

微课
图块转换为外部图块

【命令执行方式】

（1）命令行：WBLOCK(快捷命令为 W)。

（2）功能区：单击"插入"选项卡"块定义"面板中的"写块"按钮。

【操作实例】

将上面创建的"窗"块利用写块命令将其定义为图块(外部图块)。

【知识拓展】

创建图块与写块的区别(内部图块与外部图块的区别)。

创建图块实际上创建的是内部图块,是在一个图形文件内定义的图块,只能在该图形文件内部自由使用,内部图块一旦被定义,它就和图形文件一样同时被存储和打开。而写块创建的是外部图块,将"块"以主文件的形式写入磁盘,其他图形文件也可以使用它,这是内部图块和外部图块一个非常重要的区别。

3. 图块的插入

在使用 AutoCAD 2021 绘图时,可以根据需要随时将已经定义好的图块或图形文件插入到当前图形的任意位置,在插入的同时还可以改变图块的大小、旋转一定角度或把图块炸开等。插入块的方法很多,下面将逐一介绍。

【命令执行方式】

（1）命令行：INSERT(快捷命令为 I)。

（2）菜单栏："插入"→"块选项板"命令。

（3）工具栏：单击"插入"工具栏中的"插入块"按钮 或单击"绘图"工具栏中的"插入块"按钮。

微课
图块的插入

（4）功能区：单击"默认"选项卡"块"面板中的"插入"下拉按钮,或者单击"插入"选项卡"块"面板中的"插入"下拉按钮,在弹出的下拉列表中选择相应的选项。

【操作实例】

将上面创建的"窗"块插入到指定位置。

【多重插入图块】

多重插入图块是 INSERT(插入块)和 ARRAY(阵列)命令的综合,该命令不仅可以大大节省时间,提高绘图效率,还可以减少图形文件所占用的磁盘空间。

命令行:MINSERT。

说明:ARRAY(阵列)中的每个目标都是图形文件中的单一对象,而 MINSERT(多重插入)中的多个图块是一个整体,不能用"分解(EXPLODE)"命令炸开图块;阵列中的每一个图块均具有相同的比例系数和旋转方向,并成规则行列分布。

【利用"设计中心"插入图块】

通过设计中心,用户可以组织对图形、图块、图案填充和其他图形内容的访问,如果打开了多个图形,则可以通过设计中心在图形之间复制或粘贴其他内容来简化绘图过程。

2.6.3　图块属性

图块除了包含图形对象以外,还可以具有非图形信息(文本信息),如设计日期、设计者姓名、轴号及标高值等,以增强图块的通用性,它包括了图形对象所不能表达的各种文字信息。图块的这些非图形信息称为图块的属性,是图块的一个重要组成部分,与图形对象一起构成一个整体。因此,属性必须依赖于块而存在,没有块就没有属性。在插入图块时,都会把图形对象连同属性一起插入图形中。

1. 定义图块属性

定义图块属性是指将数据附着到块上的标签或标记,此属性中可能包含的数据包括轴号、标高值、注释等信息。

【命令执行方式】

(1) 命令行:ATTDEF(快捷命令为 ATT)。

(2) 菜单栏:"绘图"→"块"→"定义属性"命令。

(3) 功能区:单击"默认"选项卡"块"面板中的"定义属性"按钮，或者单击"插入"选项卡"块定义"面板中的"定义属性"按钮。

【操作实例】

创建轴线编号图块,并在绘图区放置值为 A 的轴号。

【选项说明】

(1)"模式"选项组。该选项组用于确定属性的模式。

①"不可见"复选框:选中该复选框,属性为不可见显示方式,即插入图块并输入属性值后,属性值在图中并不显示出来。

②"固定"复选框:选中该复选框,属性值为常量,即属性值在属性定义时给定,在插入图块时系统不再提示输入属性值。

③"验证"复选框:选中该复选框,当插入图块时,系统重新显示属性值,提示用户验证该值是否正确。

④"预设"复选框:选中该复选框,当插入图块时,系统自动把事先设置好的默认

值赋予属性,而不再提示输入属性值。

⑤"锁定位置"复选框:锁定块参照中属性的位置。解锁后,属性可以相对于使用夹点编辑块的其他部分移动,并且可以调整多行文字属性的大小。

⑥"多行"复选框:选中该复选框,可以指定属性值包含多行文字,也可以指定属性的边界宽度。

(2)"属性"选项组。该选项组用于设置属性值。在每个文本框中,AutoCAD 2021允许输入不超过 256 个字符。

①"标记"文本框:输入属性标签。属性标签可由除空格和感叹号以外的所有字符组成,需要注意的是,系统会自动把小写字母改为大写字母。

②"提示"文本框:输入属性提示,属性提示是插入图块时系统要求输入属性值的提示,如果不在此文本框中输入文字,系统则以属性标签作为提示。如果在"模式"选项组中选中"固定"复选框,即设置属性为常量,则不需要设置属性提示。

③"默认"文本框:设置默认的属性值。可把使用次数较多的属性值作为默认值,也可不设默认值。

(3)"插入点"选项组。用于确定属性文本的位置。可以在插入时由用户在图形中确定属性文本的位置,也可以在 X、Y、Z 文本框中直接输入属性文本的位置坐标。

(4)"文字设置"选项组。用于设置属性文本的对齐方式、文本样式、字高和倾斜角度。

(5)"在上一个属性定义下对齐"复选框。选中该复选框,表示把属性标签直接放在前一个属性的下面,而且该属性继承前一个属性的文本样式、字高、倾斜角度等特性。

2. 修改属性的定义

在定义图块之前,可以对属性的定义加以修改,不仅可以修改属性标签,还可以修改属性提示和属性默认值。

【命令执行方式】

(1)命令行:ATTDEF(快捷命令为 ATT)。

(2)菜单栏:"绘图"→"块"→"定义属性"命令。

【选项说明】

该对话框表示要修改属性的"标记""提示"及"默认",可在各文本框中对各项进行修改。

3. 图块属性的编辑

当属性被定义到图块当中,甚至图块被插入图形当中之后,用户还可以对图块属性进行编辑。利用 ATTEDIT 命令,可以通过对话框对指定图块的属性值进行修改,利用 ATTEDIT 命令不仅可以修改属性值,还可以对属性的位置、文本等其他设置进行编辑。

【命令执行方式】

(1)命令行:ATTEDIT(快捷命令为 ATE)。

(2)菜单栏:"修改"→"对象"→"属性"→"单个"命令。

(3)工具栏:单击"修改Ⅱ"工具栏中的"编辑属性"按钮。

微课
图块属性的创建

（4）功能区：单击"默认"选项卡"块"面板中的"编辑属性"按钮 。

【选项说明】

对话框中显示出所选图块中包含前 8 个属性的值，用户可对这些属性值进行修改。当用户通过菜单栏、工具栏执行上述命令或者直接双击带属性的块时，系统会打开"增强属性编辑器"对话框，如图 2-68 所示。

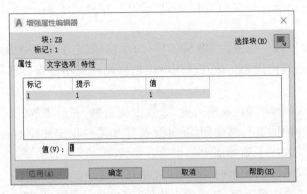

图 2-68　"增强属性编辑器"对话框

在"增强属性编辑器"对话框中，可以对属性值、属性文字样式、对正关系、文字高度及属性文字的图层、颜色和线型等特性值进行修改。

另外，还可以通过"块属性管理器"对话框来编辑属性。单击"默认"选项卡"块"面板中的"块属性管理器"按钮 ，系统打开"块属性管理器"对话框，单击"编辑"按钮，系统打开"编辑属性"对话框，可以通过该对话框编辑图块属性。

任务 2.7　图　案　填　充

为了表示某一区域的材质或用料，常在其上绘制一定的图案。图形中的填充图案描述了对象的材料特性并增加了图形的可读性。图案填充是 AutoCAD 的基本绘图功能之一，在建筑施工图绘制过程中，利用图案填充可以表达不同的材料、表现不同的材质，并具有丰富的图形效果。本任务主要介绍图案填充有关的操作。

2.7.1　图案填充的基本概念

1. 图案填充及其作用

在建筑施工图中，常常需要绘制剖面图及建筑详图。剖面填充被用来显示剖面结构关系和表达建筑中各种建筑材料的类型（如铺有地板或瓷砖的地面）、地基轮廓面、屋顶的结构特征以及不同的墙体材料和立面效果等。

使用 AutoCAD 提供的图案填充功能，可以通过使用预定义填充图案或者使用当前线型定义简单的线图案，对选定的建筑图形区域进行单色、图案或渐变色填充操作。经过填充的图形不仅看起来内容更加丰富，还能够帮助用户更加直观、清晰地辨别出对象的材质。

在 AutoCAD 2021 中，根据图案填充与其填充边界之间的关系，将填充分为关联的图案填充和非关联性的图案填充。关联的图案填充,在修改边界时填充会得到自动更新;而非关联性的图案填充则与其填充边界保持相对的独立性。填充时可以使用预定义填充图案填充区域,也可以使用当前线型定义简单的线图案,或者创建更复杂的填充图案去填充区域,还可以用实体颜色去填充区域。

2. 建筑制图规范对图案填充的规定

《房屋建筑制图统一标准》(GB 50001—2017)中规定了 27 种常用建筑材料的图例画法。

《房屋建筑制图统一标准》(GB 50001—2017)只规定了常用建筑材料的图例画法,对其尺度比例不做具体规定。故在使用时应根据图样大小确定,此外还应注意以下一般规定:

(1)图例线应间隔均匀、疏密适度,做到图例正确、表示清楚。

(2)不同品种的同类材料使用同一图例时(如某些特定部位的石膏板必须注明是防水石膏板时),应在图上附加必要的说明。

(3)两个相同的图例相接时,图例线宜错开或使倾斜方向相反。

(4)两个相邻的涂黑图例(如混凝土构件)间应留有空隙,其宽度不得小于 0.5 mm。

(5)一张图纸内的图样只用一种图例时,或是图形较小无法画出建筑材料图例时,可不加图例,但应加文字说明。

(6)需画出的建筑材料图例面积过大时,可在断面轮廓内,沿轮廓线进行局部表示。

(7)当选用《房屋建筑制图统一标准》(GB 50001—2017)中未包括的建筑材料时,可自编图例。但不得与标准所列的图例重复。绘制时应在适当位置画出该材料图例,并加以说明。

3. 确定边界

当进行图案填充时,首先要确定填充图案的边界。定义边界的对象只能是直线、射线、多段线、样条曲线、圆弧、圆、椭圆、椭圆弧、面域等对象或用这些对象定义的块,而且作为边界的对象在当前图层上必须全部可见。

4. 孤岛

在进行图案填充时,把位于总填充区域内的封闭区称为孤岛。在使用图案填充命令进行填充时,AutoCAD 2021 系统允许用户以拾取点的方式确定填充边界,即在希望填充的区域内任意拾取一点,系统会自动确定出填充边界,同时确定出该边界内的岛。如果用户以选择对象的方式确定填充边界,则必须确切地选取这些岛,后续将详细介绍本部分内容。

5. 填充方式

在进行图案填充时,需要控制填充的范围,AutoCAD 2021 系统为用户设置了以下 3 种填充方式,以实现对填充范围的控制。

(1)普通方式。该方式是从边界开始,从每条填充线或每个填充符号的两端向里填充,遇到内部对象与之相交时,填充线或符号断开,直到遇到下一次相交时继续填充。采用这种填充方式时,要避免剖面线或符号与内部对象的相交次数为奇数。该方式为系统内部的默认方式。

（2）最外层方式。该方式是从边界向里填充，只要在边界内部与对象相交，剖面符号就会断开，不再继续填充。

（3）忽略方式。该方式是忽略边界内的对象，从而使所有内部结构都被剖面符号覆盖。

2.7.2　图案填充的操作

图案填充的关键是图案的选择、边界的选择以及图案比例的确定。

【命令执行方式】

（1）命令行：BHATCH(HATCH)(快捷命令为 H)。

（2）菜单栏："绘图"→"图案填充"命令。

（3）工具栏：单击"绘图"工具栏中的"图案填充"按钮。

（4）功能区：单击"默认"选项卡"绘图"面板中的"图案填充"按钮。

【选项说明】

采用以上任意一种方式，命令行提示如下：

拾取内部点或[选择对象(S)/放弃(U)/设置(T)]：

输入"T"，按<Space>键或<Enter>键后均会弹出图 2-69 所示的"图案填充和渐变色"对话框，里面包含"图案填充"和"渐变色"两个选项卡，默认为"图案填充"选项卡。可在此界面进行操作，也可不输入"T"，直接在"图案填充创建"选项卡中进行操作。下面对"图案填充创建"选项卡各面板的内容和作用进行介绍。

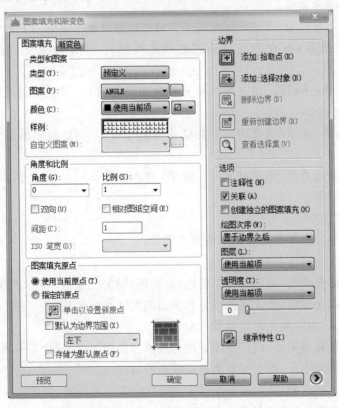

图 2-69　"图案填充和渐变色"对话框

1. "边界"面板

（1）拾取点 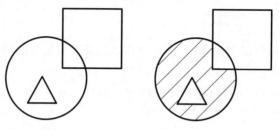：通过选择由一个或多个对象形成的封闭区域内的点，确定图案填充边界，如图2-70所示。指定内部点时，可以随时在绘图区域中单击鼠标右键以显示包含多个选项的快捷菜单。

图2-70   图案填充边界的确定

（2）选择边界对象：指定基于选定对象的图案填充对象。使用该选项时，不会自动检测内部对象，必须选择选定边界内的对象，以按照当前孤岛检测样式填充这些对象。

（3）删除边界对象：从边界定义中删除之前添加的任何对象。

（4）重新创建边界：围绕选定的图案填充或填充对象创建多段线或面域，并使其与图案填充对象相关联（可选）。

（5）显示边界对象：选择构成选定关联图案填充对象的边界对象，使用显示的夹点可修改图案填充边界。

（6）保留边界对象：指定如何处理图案填充边界对象。包括以下3个选项：

① 不保留边界（仅在图案填充创建期间可用）。不创建独立的图案填充边界对象。

② 保留边界-多段线（仅在图案填充创建期间可用）。创建封闭图案填充对象的多段线。

③ 保留边界-面域（仅在图案填充创建期间可用）。创建封闭图案填充对象的面域对象。

（7）选择新边界集：指定对象的有限集（称为边界集），以便通过创建图案填充时的拾取点进行计算。

2. "图案"面板

显示所有预定义和自定义图案的预览图像。

3. "特性"面板

（1）图案填充类型：指定是使用纯色、渐变色、图案还是用户定义的模式来填充。

（2）图案填充颜色：替代实体填充和填充图案的当前颜色。

（3）背景色：指定填充图案背景的颜色。

（4）图案填充透明度：设定新图案填充或填充的透明度，替代当前对象的透明度。

（5）图案填充角度：指定图案填充或填充的角度。

（6）填充图案比例：放大或缩小预定义或自定义填充图案，如图2-71所示。

（7）相对于图纸空间（仅在布局中可用）：相对于图纸空间单位缩放填充图案，使用此选项很容易做到以适合布局的比例显示填充图案。

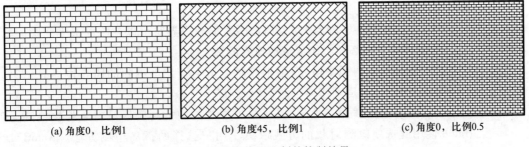

(a) 角度0，比例1　　　　(b) 角度45，比例1　　　　(c) 角度0，比例0.5

图 2-71　角度和比例的控制效果

（8）交叉线（仅当"图案填充类型"设定为"用户定义"时可用）：绘制第二组直线，与原始直线成90°角，从而构成交叉线，如图 2-72 所示。

（9）ISO 笔宽（仅对于预定义的 ISO 图案可用）：基于选定的笔宽缩放 ISO 图案。

(a) 角度0，间距100　　　　(b) 角度45，间距100，双向　　　　(c) 角度0，间距50

图 2-72　角度和间距的控制效果

4．"原点"面板

（1）设定原点：直接指定新的图案填充原点。

（2）左下：将图案填充原点设定在图案填充边界矩形范围的左下角。

（3）右下：将图案填充原点设定在图案填充边界矩形范围的右下角。

（4）左上：将图案填充原点设定在图案填充边界矩形范围的左上角。

（5）右上：将图案填充原点设定在图案填充边界矩形范围的右上角。

（6）中心：将图案填充原点设定在图案填充边界矩形范围的中心。

（7）使用当前原点：将图案填充原点设定在 HPORIGIN 系统变量中存储的默认位置。

（8）存储为默认原点：将新图案填充原点的值存储在 HPORIGIN 系统变量中。

5．"选项"面板

（1）关联：指定图案填充或填充为关联图案填充。关联的图案填充或填充在用户修改其边界对象时将会更新。

（2）注释性：指定图案填充为注释性。此特性会自动完成缩放注释过程，从而使注释能够以正确的大小在图纸上打印或显示。

（3）特性匹配。

① 使用当前原点：使用选定图案填充对象（除图案填充原点外）设定图案填充的特性。

② 使用源图案填充的原点：使用选定图案填充对象（包括图案填充原点）设定图案填充的特性。

（4）允许的间隙：设定将对象用作图案填充边界时可以忽略的最大间隙。默认值为 0，此值指定对象必须封闭区域而没有间隙。

（5）创建独立的图案填充：用于控制当指定了几个单独的闭合边界时，是创建单个图案填充对象，还是创建多个图案填充对象。

（6）孤岛检测："孤岛检测"是指最外层边界内的封闭区域对象将被检测为孤岛。Hatch 使用此选项检测对象的方式取决于用户选择的孤岛检测方法。AutoCAD 2021 提供了 4 种检测模式：普通孤岛检测、外部孤岛检测、忽略孤岛检测和无孤岛检测。

① 普通孤岛检测：从外部边界向内填充。如果遇到内部孤岛，填充将关闭，直到遇到孤岛中的另一个孤岛。

② 外部孤岛检测：从外部边界向内填充。此选项仅填充指定的区域，不会影响内部孤岛。

③ 忽略孤岛检测：忽略所有内部的对象，填充图案时将通过这些对象。

④ 无孤岛检测：关闭以使用传统孤岛检测方法。

系统默认的检测模式是"外部孤岛检测"填充模式。前三种不同填充模式的效果对比如图 2-73 所示。

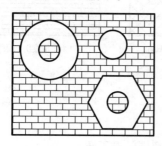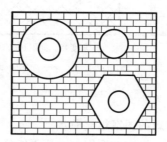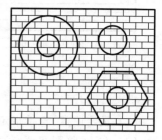

图 2-73　三种不同孤岛检测模式的效果对比

（7）绘图次序：为图案填充或填充指定绘图次序。选项包括不指定、后置、前置、置于边界之后和置于边界之前。

2.7.3　渐变色的操作

在绘图的过程中，有些图形在填充时需要用到一种或多种颜色，尤其在绘制装潢、美工等图样时，就要用到渐变色图案填充功能，利用该功能可以对封闭区域进行适当的渐变色填充，从而形成比较好的颜色装饰效果。

【命令执行方式】

（1）命令行：GRADIENT。

（2）菜单栏："绘图"→"渐变色"命令。

（3）工具栏：单击"绘图"工具栏中的"渐变色"按钮▦。

（4）功能区：单击"默认"选项卡"绘图"面板中的"渐变色"按钮▦。

【操作步骤】

采用上述任何一种方式后，系统将打开图 2-74 所示的"图案填充创建"选项卡。

图 2-74　"图案填充创建"选项卡

2.7.4　编辑填充的图案

用于修改现有的图案填充对象,但不能修改边界。

【命令执行方式】

(1) 命令行:HATCHEDIT(快捷命令为 HE)。

(2) 菜单栏:"修改"→"对象"→"图案填充"命令。

(3) 工具栏:单击"修改Ⅱ"工具栏中的"图案填充编辑"按钮 。

(4) 功能区:单击"默认"选项卡"修改"面板中的"图案填充编辑"按钮 。

(5) 快捷菜单:选中填充的图案后单击鼠标右键,在弹出的快捷菜单中选择"图案填充编辑"命令,如图 2-75 所示。

(6) 快捷方法:直接选择填充的图案,打开"图案填充编辑器"选项卡,如图 2-76 所示。

2.7.5　填充命令

【命令执行方式】

命令行:FILL。

图 2-75　"图案填充编辑"命令

微课
图案填充的编辑

【操作步骤】

控制诸如图案填充、二维实体和宽多段线等对象的填充。

图 2-76　"图案填充编辑器"选项卡

当 ON 时为填充,当 OFF 时为非填充,选择填充模式后要选择重新生成命令才能生效,如图 2-77 所示。

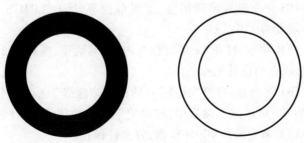

图 2-77　填充命令示例

任务 2.8　应用实例：楼梯扶手截面图的绘制

微课
楼梯扶手截面图的
绘制

某住宅的楼梯扶手截面图如图 2-78 所示,其绘图前的准备工作和绘图过程如下。

2.8.1　楼梯扶手截面图的尺寸分析和线段分析

1. 尺寸分析

（1）尺寸基准。在图 2-78 中,竖直中心线是左右方向的尺寸基准,图形底边是高度方向的尺寸基准。

（2）定形尺寸和定位尺寸。在图 2-78 中,$R16$、$R15$ 等均是定形尺寸;定位尺寸需经计算后才能确定。如半径为 16 的圆弧,其圆心水平方向距图形竖直中心线的距离为 29,距图形底边的距离为 30+6。从尺寸基准出发,通过各定位尺寸,可确定图形中各组成部分的相对位置,通过各定形尺寸,可确定图形中各组成部分的大小。

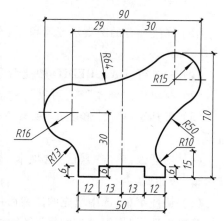

图 2-78　楼梯扶手截面图

2. 线段分析

（1）已知线段。在图 2-78 中,圆心位置由尺寸 70、36 和 90 确定的半径为 $R15$、$R16$ 的两个圆弧,定形尺寸和定位尺寸均是已知线段(也称为已知弧)。

（2）中间线段。有定形尺寸,缺少一个定位尺寸,需要依靠两端相切或相接的条件才能画出的线段称为中间线段。在图 2-78 中,$R10$ 的圆弧是中间线段(也称为中间弧)。

3. 连接线段

图 2-78 中圆弧 $R64$、$R50$、$R13$ 的圆心,其两个方向定位尺寸均未给出,需要用与两侧相邻线段的连接条件来确定其位置,这种只有定形尺寸而没有定位尺寸的线段称为连接线段(也称为连接弧)。

2.8.2　设置基本绘图环境

（1）启动 AutoCAD,新建图形文件并将其保存,文件名为"楼梯扶手截面图 . dwg"。

（2）运行 UNITS 命令设置绘图精度、绘图单位等,运行 LIMITS 命令设置绘图界限,建议将绘图界限设为 420×297。

（3）运行 LAYER 命令,打开"图层特性管理器"对话框,按表 2-2 的要求完成新建图层、颜色、线型和线宽的设置工作。

（4）运行 OPTIONS 命令,打开"选项"对话框,在"系统"选项卡中,从"启动"选项组中选择"显示'启动'对话框",然后单击"确定"按钮,关闭该对话框。

（5）运行 QSAVE 命令或按<Ctrl+S>键,将文件保存。

表 2-2 图层名及对象的颜色、线型和线宽

图层名	颜色	线型	线宽/mm
图框标题栏	白	Continuous	0.13
标注	131	Continuous	0.13
文字	黄	Continuous	0.13
粗实线	白	Continuous	0.5
细实线	绿	Continuous	0.13
虚线	洋红	ACAD_ISO02W100	0.13
单点画线	红	ACAD_ISO04W100	0.13
双点画线	青	ACAD_ISO05W100	0.13

2.8.3 绘制基本轮廓

绘制楼梯扶手截面图基本轮廓的步骤如下：

（1）启动 AutoCAD，打开创建的 AutoCAD 文件"楼梯扶手截面图.dwg"。

（2）使用 LINE 命令，在单点画线图层画基准线，并根据定位尺寸画出定位线，如图 2-79（a）所示。

（3）使用 LINE 和 CIRCLE 命令，在粗实线图层画出已知线段，如图 2-79（b）所示。

（4）使用 OFFSET 和 CIRCLE 命令，画中间线段 $R10$，如图 2-79（c）所示。

（5）使用"CIRCLE 指定圆的圆心或［三点（3P）/两点（2P）/相切、相切、半径（T）］："中的"相切、相切、半径（T）"命令画连接线段。如绘制 $R64$ 的圆，输入"相切、相切、半径（T）"后，按照命令栏的提示，只需分别单击 $R15$ 和 $R16$ 圆的切点，输入半径值 64，即可自动进行圆弧连接。其余 $R50$ 和 $R13$ 的圆弧可参照此种方法，如图 2-79（d）所示。

（6）整理并检查全图后，使用 TRIM 命令修剪和整理图线。

（7）运行 QSAVE 命令或按<Ctrl+S>键，将文件保存。

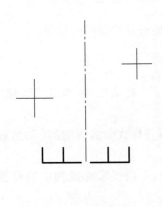

(a) 画基准线

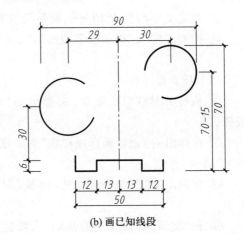

(b) 画已知线段

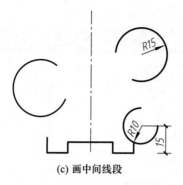

(c) 画中间线段

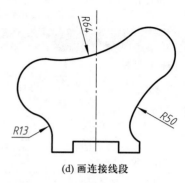

(d) 画连接线段

图 2-79   楼梯扶手截面图的绘制步骤

2.8.4　尺寸标注

在上述绘制的基础上,楼梯扶手截面图的尺寸标注如下。

1. 文字的输入

（1）设置文字样式。

① 执行 STYLE 命令,弹出"文字样式"对话框。

② 按表 2-3 的要求创建两种新的文字样式。

表 2-3　文字样式设置

样式名	字体			效果			备注
	shx 字体	大字体	字高	宽高比例	倾斜角度		
工程字-1	gbenor. shx	gbcbig. shx	0	1	0		勾选使用大字体
工程字-2	gbeitc. shx	gbcbig. shx	0	1	0		勾选使用大字体

（2）输入标题栏文字。

① 调入图框标题栏图块。

② 执行 DTEXT 命令,依据命令行的提示选择文字样式,然后在绘图区指定文字的起点。

③ 指定文字高度为 10 mm,旋转角度为 0°。

④ 按要求输入"楼梯扶手截面图",注意按<Enter>键换行及控制码的使用。

2. 尺寸标注

（1）设置标注样式。

① 执行 DIMSTYLE 命令,在弹出的"标注样式管理器"对话框中,单击"新建"按钮。

② 在弹出的"创建新标注样式"对话框中,给新建的标注样式命名为"建筑",然后单击"继续"按钮。

③ 在弹出的"新建标注样式:建筑"对话框中,按表 2-4 的要求完成相应的设置工作。

④ 在"建筑"标注样式的基础上,新建"箭头"标注样式。将起止符号更改为"箭头",大小更改为 3 mm。

⑤ 运行 QSAVE 命令或按<Ctrl+S>键,将文件保存。

表 2-4　标注样式设置

样式名:建筑		基础样式:ISO-25	
尺寸线	尺寸界线	文字	调整和主单位
颜色随层	颜色随层	文字样式:工程字	文字或箭头
线宽随层	线宽随层	颜色随层	尺寸上方带引线
线型随层	线型随层	文字高度 3.5 mm	在尺寸界线之间
尺寸线间距 8 mm	超出尺寸线 2 mm	位于尺寸线上方置中	绘制尺寸线
起止符号:建筑标记	起点偏移量 5 mm	对齐方式:ISO 标准	单位格式:小数
起止符号大小 2 mm		从尺寸线偏移 1 mm	精度:0
备注	其他项目建议使用默认选项		

（2）标注图样尺寸。

① 执行 DIMLINEA 命令,用"建筑"标注样式完成 29、30、6、15、70、50、90 等线性尺寸的标注。

② 执行 DIMCONTINUE 命令,用"建筑"标注样式完成连续标注。

③ 分别执行 DIMDIAMETER 命令和 DIMRADIUS 命令,用"箭头"标注样式完成图中半径和直径等尺寸的标注。

④ 完成后的效果如图 2-78 所示。运行 QSAVE 命令或按<Ctrl+S>键,将文件保存。

单元 3

建筑平面图的绘制

学习内容

本单元介绍基本绘图设置、图层的设置、施工图样板文件的设置以及建筑平面图的绘制。

基本要求

通过本单元的学习,了解图层、基本绘图参数的设置,熟练运用基本绘图与编辑命令绘制建筑平面图,掌握绘制建筑平面图的操作能力及绘图技巧。

任务 3.1　基本绘图参数

绘制一幅图形前,需要设置一些基本参数,如图形单位、图幅界限等。

3.1.1　设置图形单位

在 AutoCAD 中,对于任何图形都有其大小、精度和所采用的单位。在屏幕上显示的是屏幕单位。什么是屏幕单位呢? 例如,在 AutoCAD 中设置了一个绘图单位是 420×297,这样在计算机屏幕上每个单位的长度就是 1/420,如果在屏幕上绘制了一条 210 单位长的直线,那么这条直线在屏幕上显示的范围就占了屏幕的近 1/2;如果改变绘图单位为 4 200×2 970,则每个屏幕单位为 1/4 200,如果在屏幕上还是绘制了一条 210 单位长的直线,那么这条直线在屏幕上就显得短了。但是屏幕单位需要对应一个真实的单位,因为不同的单位显示的格式也不相同。

【命令执行方式】

（1）命令行：DDUNITS 或 UNITS（快捷命令为 UN）。

（2）菜单栏："格式"→"单位"命令。

操作实例——设置图形单位

【操作步骤】

（1）在命令行中输入 UN，然后按 <Space> 键或 <Enter> 键，弹出"图形单位"对话框，如图 3-1 所示。

（2）在"长度"选项组的"类型"下拉列表中选择长度类型为小数，在"精度"下拉列表中选择精度为 0.000 0。

（3）其他参数设置参照图 3-1。

微课
图形单位和图形
界限

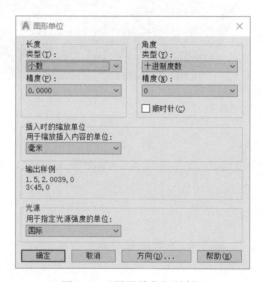

图 3-1 "图形单位"对话框

3.1.2 设置图形界限

图形界限用于标明用户的工作区域和图纸的边界，为了避免绘制的图形超出界限，便于用户准确地绘制和输出图形，常常需要设置图形界限。

【命令执行方式】

（1）命令行：LINITS。

（2）菜单栏："格式"→"图形界限"命令。

操作实例——设置 A3 图形界限

【操作步骤】

在命令行中输入 LIMITS，设置图形界限为"420×297"。命令行提示和操作如下：

命令：LIMITS

重新设置模型空间界限：

指定左下角点或[开(ON)/关(OFF)]<0.000 0,0.000 0>:(输入图形边界左下角的坐标后按<Enter>键)

指定右上角点<420.000 0,297.000 0>:420,297(输入图形边界右上角的坐标后按<Enter>键)

【选项说明】

(1) 开(ON):使图形界限有效。系统在图形界限以外拾取的点将视为无效。

(2) 关(OFF):使图形界限无效。用户可以在图形界限以外拾取点或实体。

(3) 动态输入角点坐标:可以直接在绘图区的动态文本框中输入角点坐标,也可以在光标位置直接单击鼠标左键,确定角点位置。

任务 3.2 图 层

为了方便绘制图形,在绘图时一般会赋予图形一定的特性,如颜色、线宽、线型等。通过这些不同的特性,可以使整个视图层次分明,方便图形对象的编辑与管理。在 AutoCAD 中,绘制图形之前都需要设置对象的线宽、线型、颜色等基本特性。

3.2.1 图层的概念

在图纸绘制中,应遵循一定的绘图步骤来绘制图形,首先把图层看作是图纸绘制中使用的"透明图纸",先在"透明图纸"上绘制不同属性的图形对象,然后将包含不同属性图形对象的"透明图纸"叠加起来就构成了最终的图形。

在 AutoCAD 中,图层是图形对象的一个非常重要的特性。图层的功能和用途非常强大,利用图层可以提高绘图的工作效率和图形的清晰度,方便图形对象的编辑与管理。为了方便管理图形对象,用户可以使用图层将特性相关的对象放到相同的图层上,将不同类型的对象设置为不同图层,如将门、窗、轴线、文字、楼梯、尺寸标注等设置为不同的图层,并给每个图层设置不同的颜色、线宽和线型。

3.2.2 图层的设置

每一个图层都必须有图层名、颜色、线宽和线型,用户若要创建一个新图层,则必须指定图层名、颜色、线宽和线型,然后才可以在该图层上绘制图形。因此,在绘图之前,首先需要对图形对象图层的各个特性进行设置,包括建立和命名图层、设置当前图层、设置图层的颜色和线型、图层是否关闭、图层是否冻结、图层是否锁定、图层删除等。

【命令执行方式】

(1) 命令行:LAYER(快捷命令为 LA)。

(2) 菜单栏:"格式"→"图层"命令。

(3) 工具栏:单击"图层"工具栏中的"图层特性管理器"按钮 🔲。

(4) 功能区:单击"默认"选项卡"图层"面板中的"图层特性"按钮 🔲,或者单击"视图"选项卡"图层"面板中的"图层特性"按钮 🔲。

【操作步骤】

执行上述任何一个命令之后,系统会打开图 3-2 所示的"图层特性管理器"选项板。

其中,0 层是 AutoCAD 默认的图层,其颜色为白色,线型为连续型,线宽为默认值,它是不能被删除和重命名的。

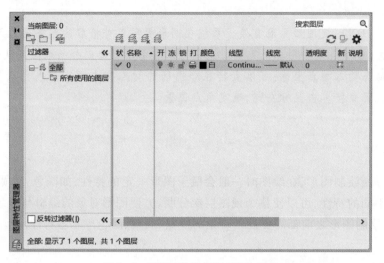

图 3-2 "图层特性管理器"选项板

【选项说明】

"图层特性管理器"选项板包括两个窗格,即左侧的树状图和右侧的列表图。树状图用于显示图形中图层和过滤器的层次结构;列表图用于显示图层和图层过滤器及其特性和说明等。

(1)"新建特性过滤器"按钮:单击该图标,打开"图层过滤器特性"对话框,从中可以根据图层的一个或多个图层特性创建图层过滤器,如图 3-3 所示。

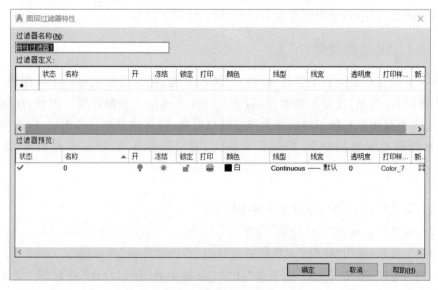

图 3-3 "图层过滤器特性"对话框

（2）"新建组过滤器"按钮![图标]：单击该图标，可以创建一个"组过滤器"，其中包含用户选择并添加到该过滤器的图层。

（3）"图层状态管理器"按钮![图标]：单击该图标，打开"图层状态管理器"对话框，如图 3-4 所示。从中可以将图层的当前特性设置保存到命名图层状态中，以后恢复这些设置也非常方便。

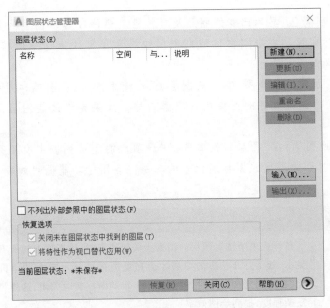

图 3-4 "图层状态管理器"对话框

（4）"新建图层"按钮![图标]：创建新图层。单击该图标，图层列表中出现一个新的图层名称"图层 1"，可以直接使用此名称，也可以根据需要改名。要想同时创建多个图层，可选中一个图层名后，输入多个名称，各名称之间以逗号分隔。图层名可以直接以某种对象的名称或线型命名，具体要求如下：

① 图层名最长为 255 个字符。图层名可以是中文、数字、字母（大小写均可）、连字符、美元符号、下划线或其他字符。

② 图层名中不允许含有大于号、小于号、斜杠、反斜杠、引号、冒号、分号、问号等符号。

③ 在当前图形文件中，图层名必须是唯一的，不能和其他图层名重名。

新建图层时，如果在图层名称列表中有一图层被选定（即高亮度显示），那么新建图层将自动继承被选定图层的所有特性（包括颜色、线型、线宽、开/关状态等），如果新建图层时没有图层被选中，则新图层具有默认的设置（同 0 图层）。

（5）"在所有视口中都被冻结的新图层视口"按钮![图标]：单击该图标，将创建新图层，然后在所有现有布局视口中将其冻结。可在"模型"空间或"布局"空间上访问此按钮。

（6）"删除图层"按钮![图标]，在图层列表中选中某一图层，然后单击该图标，则把该图层删除。

（7）"置为当前"按钮![图标]：在图层列表中选中某一图层，然后单击该图标，则把该图层设置为当前图层,并在"当前图层"列中显示其名称。另外,双击图层名也可以把其设置为当前图层。

(8)"搜索图层"文本框:输入字符时,按名称快速过滤图层列表。

(9)"过滤器"列表:显示图形中的图层过滤器列表。

(10)"反转过滤器"复选框:选中该复选框,显示所有不满足选定图层特性过滤器中条件的图层。

(11)图层列表区:显示已有的图层及其特性。要修改某一图层的某一特性,单击它所对应的图标即可。右击空白区域或利用快捷菜单可快速选中所有的图层。列表区中各列的含义如下:

① 状态:指示项目的类型,有当前图层、正在使用图层、空图层和图层过滤器4种。

② 名称:显示满足条件的图层或过滤器名称。如果要修改某图层,首先要选中该图层的名称。

③ 状态转换图标:在"图层特性管理器"选项板的图层列表中有一列图标,单击这些图标,就可以打开或关闭该图标所代表的功能。各图标功能说明如表3-1所示。

表 3-1　各图标功能说明

列名	功能说明
开	打开或关闭选定图层。当处于关闭状态时,该图层上的所有对象将隐藏不显示,处于打开状态的图层才会在绘图区中显示或由打印机打印出来。因此,在绘制复杂图形时,可以将不编辑的图层暂时关闭,这样可以降低图形的复杂程度,提高绘图效率
冻结	冻结或解冻选定图层。当图层处于冻结状态时,该图层上的对象在绘图区将不显示,也不能由打印机打印出来,而且不会执行重生成、缩放和平移等命令。因此,若将视图中不编辑的图层暂时冻结,可以加快绘图编辑的速度。而打开或关闭图层只能单纯地将对象隐藏,不会加快执行速度
锁定	解锁或锁定选定图层。当处于锁定状态时,该图层上的所有对象仍然显示在绘图区,但是不能被编辑修改,只能绘制新的图形,这样可以防止重要的图形被修改
打印	控制是否打印选定图层
新视口冻结	仅在当前布局视口中冻结选定的图层。如果图层在图形中已冻结或关闭,则无法在当前视口中解冻该图层

④ 颜色:显示和改变图层的颜色。图层的颜色是指该图层上面的图形对象的颜色,每一个图层都应设置一种颜色。由于在绘制图形时图层较多,为了区分不同的图层,就可以通过设置不同的图层颜色来实现。同一图层上的颜色必须相同;不同图层上的颜色可以相同,也可以不同,为了方便绘图,当不同图层的线宽不相同时,建议采用不同颜色,以免混淆。

如果要改变某一图层上的颜色,则单击对应的颜色图标,弹出图3-5所示的"选择颜色"对话框,用户可以从中选择需要的颜色。

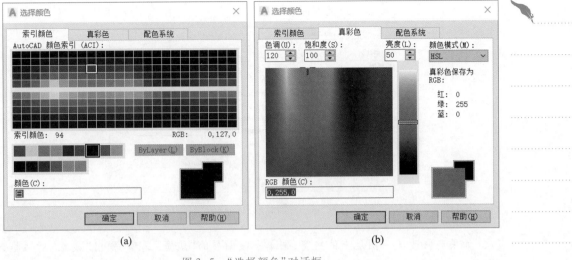

图 3-5　"选择颜色"对话框

⑤ 线型：显示和修改图层的线型。图层的线型是指该图层上面的图形对象所使用的线型，每一个图层都应有一个线型。同一图层上的线型必须相同；不同图层上的线型可以相同，也可以不同。在 AutoCAD 中默认的线型是 Continuous（实线），同时系统也提供了其他多种线型，储存在线型文件中，用户可以根据需要选取线型，并根据需要为不同的图层设置不同的线型。

　　如果要修改某一图层的线型，则单击该图层的"线型"选项，弹出"选择线型"对话框，如图 3-6 所示，其中列出了当前可用的线型，用户可以从中选择。如果需要使用的线型不在列表中，可以单击"选择线型"对话框下方的"加载"按钮，弹出"加载或重载线型"对话框，如图 3-7 所示，用户可以根据需要选择线型。注意，此处选择需要的线型后单击"确定"按钮，回到"选择线型"对话框，要确认此时选择的是否是需要的线型，如果是则直接单击"确定"按钮；如果不是，则选择需要的线型后再单击"确定"按钮。

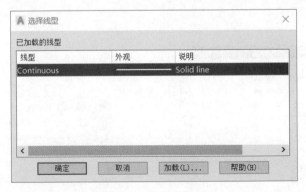

图 3-6　"选择线型"对话框

⑥ 线宽：显示和修改图层的线宽。图层的线宽是指该图层上面的图形对象所使用的线宽，每一个图层都应有一个线宽。同一图层上的线宽必须相同；不同图层上的线宽可以相同，也可以不同。

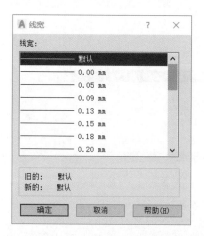

图 3-7　"加载或重载线型"对话框

　　如果要修改某一图层上的线宽,则单击该图层的"线宽"选项,弹出"线宽"对话框,如图 3-8 所示。其中列出了 AutoCAD 设定的线宽,用户可以从中进行选择。"线宽"列表框中显示可以选用的线宽值,用户可以使用默认的线宽,也可以选择需要的线宽。

　　在建筑施工图中,不同对象的线宽并不相同。通过设置图层的线宽,可以绘制粗细不一的线型,从而实现绘图要求。在 AutoCAD 中默认的线宽是 0.01 in,即 0.25 mm。

　　⑦ 打印样式:打印图形时各项属性的设置。

3.2.3　图层的对象特性

　　在功能区"默认"选项卡中有一个"特性"面板,如图 3-9 所示。用户可以利用面板下拉列表框中的选项,快速地查看和改变所选对象的图层、颜色、线型和线宽特性。"特性"面板中的图层、颜色、线型、线宽和打印样式的控制增强了查看和编辑对象属性的命令。在绘图区选择任何图形对象,都将在面板中自动显示它所在的图层、颜色、线型、线宽等属性。"特性"面板各部分的功能介绍如下:

图 3-8　"线宽"对话框　　　　　图 3-9　"特性"面板

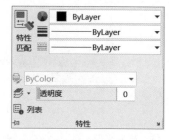

　　(1)"对象颜色"下拉列表框:单击右侧的向下箭头,用户可从打开的选项列表中选择一种颜色,使之成为当前颜色,如果选择"更多颜色",则会弹出"选择颜色"对话

框,如图 3-5 所示,可以根据需要选择其他颜色。修改当前颜色之后,无论在哪个图层中绘图,系统都会采用这种颜色,但这对各个图层的颜色是没有影响的。

(2)"线型"下拉列表框:单击右侧的向下箭头,用户可从打开的选项列表中选择一种线型,使之成为当前线型,如图 3-6 所示。修改当前线型后,无论在哪个图层中绘图,系统都会采用这种线型,但这对各个图层的线型是没有影响的。

(3)"线宽"下拉列表框:单击右侧的向下箭头,用户可从打开的选项列表中选择一种线宽,使之成为当前线宽,如图 3-8 所示。修改当前线宽后,无论在哪个图层中绘图,系统都会采用这种线宽,但这对各个图层的线宽是没有影响的。

(4)"打印样式"下拉列表框:单击右侧的向下箭头,用户可从打开的选项列表中选择一种打印样式,使之成为当前打印样式。

【相关说明】

图层的设置需要注意以下原则:

(1)在够用的基础上越少越好。不管是什么专业、什么阶段的图纸,图纸上所有的图元都可以按照一定的规律来组织整理,例如建筑专业的平面图,基本上按照轴线、墙体、柱子、门窗、文字、尺寸标注、楼梯、家具等来定义图层,然后在画图时,根据类别把该图元放到相应的图层中去。

(2)0 层的使用。很多人喜欢在 0 层上画图,因为 0 层是默认层,白色是 0 层的默认颜色。因此有时候屏幕看上去白花花的一片,这样不太可取。不建议在 0 层上随意画图,但是定义块的时候建议用 0 层。在定义块时,先将所有图元均设置为 0 层,然后再定义块。这样在插入块时,插入的是哪个图层,块就是哪个图层。

(3)图层颜色的定义原则。图层的设置有很多属性,在设置图层时,还需要定义好相应的颜色、线型和线宽等。图层的颜色定义要注意以下两点:一是不同的图层一般用不同的颜色;二是颜色应该根据打印时线宽的粗细来选择。打印时,线型设置越宽的图层,应该选用越亮的颜色。

3.2.4　实例——设置施工图样板文件

新建一个图形文件,设置图形单位、图形界限、图层、文字样式和标注样式,最后将设置好的文件保存为".dwt"格式的样板文件。绘制过程中要用到打开、单位、图形界限、图层、文字、标注和保存等命令。

微课
设置施工图样板文件

【操作步骤】

(1)新建文件。单击快速访问工具栏中的"新建"按钮 📄,弹出"选择样板"对话框,在"打开"按钮下拉菜单中选择"无样板打开-公制"命令,如图 3-10 所示,新建空白文件。

(2)设置单位。选择菜单栏中的"格式"→"单位"命令,弹出"图形单位"对话框,图形单位的设置如图 3-11 所示。

(3)设置图形界限。制图标准对图纸的幅面大小有严格的规定,如表 3-2 所示。

根据接下来所画图纸的大小,在这里将 A1 图纸幅面设置为图形边界。A1 图纸的幅面为 594 mm×841 mm。

选择菜单栏中的"格式"→"图形界限"命令,设置图纸幅面,命令行提示与操作

如下:

```
命令:'_LIMITS
重新设置模型空间界限:
指定左下角点或[开(ON)/关(OFF)]<0,0>:0,0
指定右上角点<420,297>:841,594
```

图 3-10 "选择样板"对话框

图 3-11 "图形单位"对话框

(4)设置图层。本实例设置的图层是后续绘制建筑施工图的基础,图层设置如表 3-3 所示。

表 3-2　图纸幅面国家标准

幅面代号	A0	A1	A2	A3	A4
宽×长/ （mm×mm）	841×1 189	594×841	420×594	297×420	210×297

表 3-3　图 层 设 置

图层名称	颜色	线型	线宽/mm
轴线	1	CENTER	0.15
墙体	7	Continuous	0.5
门窗	4	Continuous	0.2
楼梯	2	Continuous	0.2
室外地坪线	7	Continuous	1.0
标注	3	Continuous	0.2
文字说明	6	Continuous	0.2
柱子	2	Continuous	0.2
图框	5	Continuous	0.35
其他细线	8	Continuous	0.2
梁、板	2	Continuous	0.5
台阶	191	Continuous	0.5
栏杆	4	Continuous	0.2

注：可根据自己的需要添加其他图层。未明确部分均按现行制图标准绘制。

下面以"轴线"图层为例说明图层的设置。

① 设置图层名。单击"默认"选项卡"图层"面板中的"图层特性"按钮或者输入LA，弹出"图层特性管理器"选项板，如图 3-12 所示。在该选项板中单击"新建"按钮，在图层列表框中出现默认名为"图层 1"的新图层，如图 3-13 所示。单击该图层名，将图层名改为"轴线"，如图 3-14 所示。

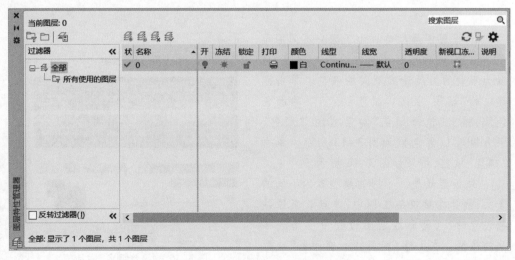

图 3-12　"图层特性管理器"选项板

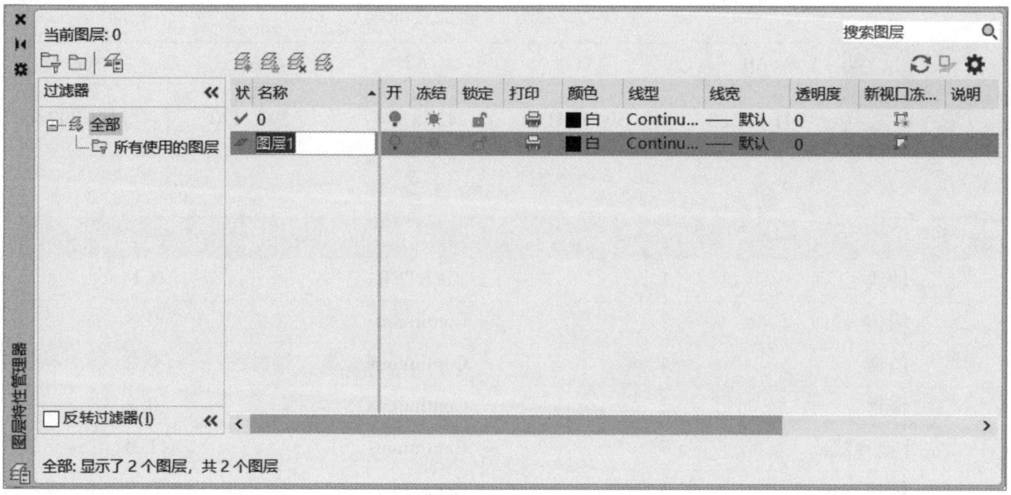

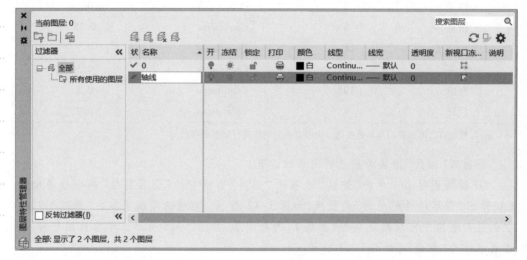

图 3-13   新建图层

图 3-14   更改图层名

② 设置图层颜色。为了区分不同图层上的图线,增加图形不同部分的对比性,可以为不同的图层设置不同的颜色。单击刚建立的"轴线"图层"颜色"标签下的颜色色块,弹出"选择颜色"对话框,在"颜色"下方输入 1(红色),如图 3-15 所示。单击"确定"按钮,结果如图 3-16 所示。

③ 设置线型。不同的线型表示不同的含义,例如在建筑施工图中,单点长画线一般表示轴线,因此在绘图过程中要用到不同的线型。在上述"图层特性管理器"选项板中单击"轴线"图层"线型"标签下的线

图 3-15   "选择颜色"对话框

型选项,弹出"选择线型"对话框,如图3-6所示。默认的列表中没有单点长画线,因此单击"加载"按钮,弹出"加载或重载线型"对话框,如图3-7所示。在该对话框中选择CENTER线型,如图3-17所示,单击"确定"按钮,系统回到"选择线型"对话框,这时在"已加载的线型"列表框中就出现了CENTER线型,如图3-18所示。选择CENTER线型,单击"确定"按钮,回到"图层特性管理器"选项板,可以发现"轴线"图层的线型已经变成CENTER线型,如图3-19所示。

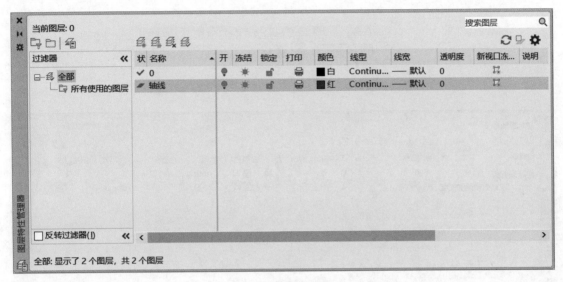

图3-16   更改颜色

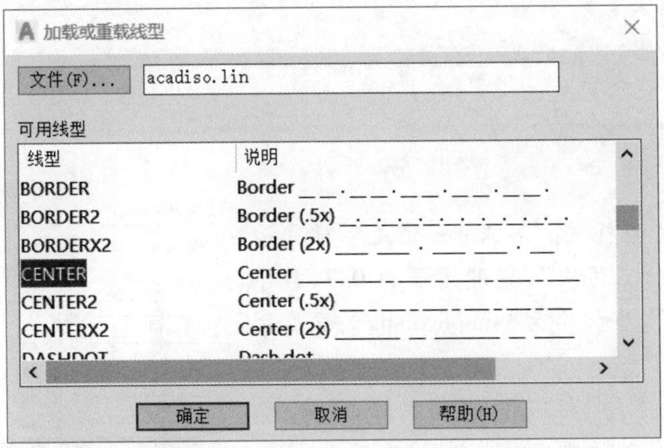

图3-17   "加载或重载线型"对话框

④ 设置线宽。不同的线型表示不同的含义,因此要对不同图层的线宽界线进行设置,单击上述"图层特性管理器"选项板中"轴线"图层"线宽"标签下的选项,弹出"线宽"对话框,如图3-20所示。在该对话框中选择线宽为0.15 mm,单击"确定"按钮,回到"图层特性管理器"选项板,可以发现"轴线"图层的线宽已经变成0.15 mm,如图3-21所示。

用以上方法根据表3-3完成图层的设置,最后完成的图层如图3-22所示。

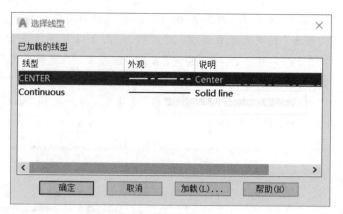

图 3-18　加载线型

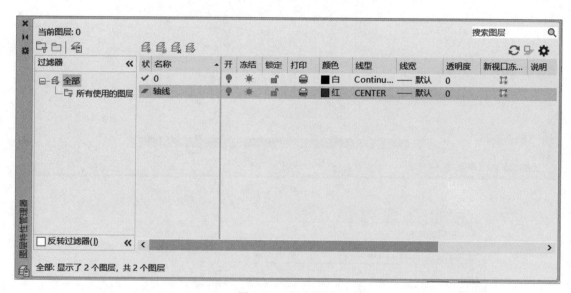

图 3-19　更改线型

（5）设置文字样式。要求：设置文字样式为"汉字"，字体名为"仿宋"，宽度因子为 0.7；数字样式为"非汉字"，字体名为"simplex. shx"，宽度因子为 0.7。

选择菜单栏中的"格式"→"文字样式"命令，弹出"文字样式"对话框，如图 3-23 所示。单击"新建"按钮，弹出"新建文字样式"对话框，输入样式名为"汉字"，如图 3-24 所示；然后单击"确定"按钮，在"字体名"下拉列表中选择字体名为"仿宋"，如图 3-25 所示；在"宽度因子"文本框中将"1"改为"0.7"，如图 3-26 所示。

参照上述步骤，新建"非汉字"文字样式，完成后如图 3-27 所示。

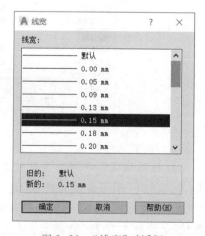

图 3-20　"线宽"对话框

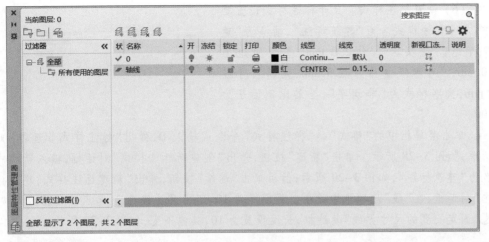

图 3-21 　更改线宽

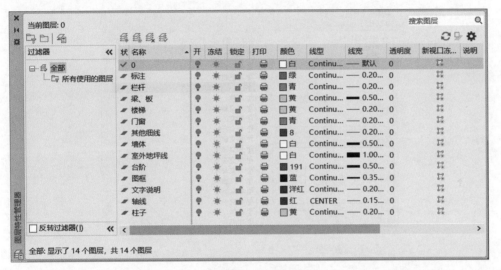

图 3-22 　图层设置

图 3-23 　"文字样式"对话框

（6）设置标注样式。尺寸标注样式设置要求：尺寸标注样式名为"建筑标注"，箭头为"建筑标记"，箭头大小为 2.0 mm，基线间距为 10 mm，尺寸界限偏移原点 5 mm、偏移尺寸线 2 mm，文字样式为"非汉字"，全局比例因子为 100。

图 3-24　"新建文字样式"对话框

单击菜单栏中的"格式"→"标注样式"命令或输入 D，弹出"标注样式管理器"对话框，如图 3-28 所示。单击"新建"按钮，弹出"创建新标注样式"对话框，输入新样式名为"建筑标注"，如图 3-29 所示；然后单击"继续"按钮，弹出"新建标注样式：建筑标注"对话框，在"线"选项卡中设置基线间距为 10、超出尺寸线为 2、起点偏移量为 5，勾选"固定长度的尺寸界线"复选框，长度设置为 10，其他不变，如图 3-30 所示。

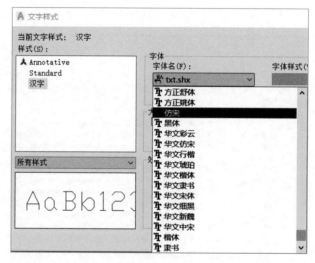

图 3-25　选择"仿宋"字体名

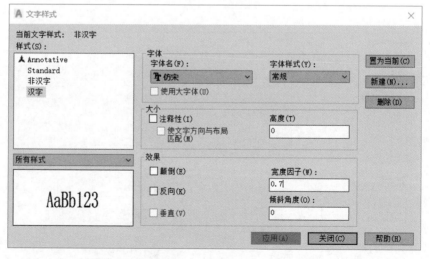

图 3-26　"汉字"文字样式

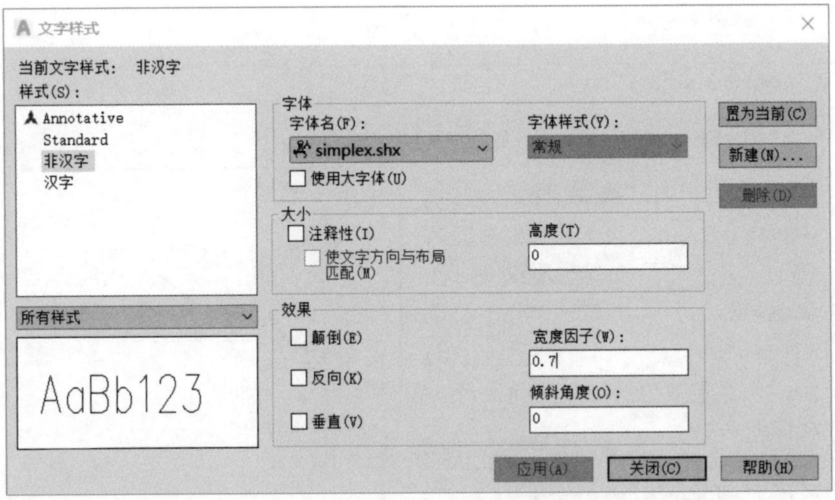

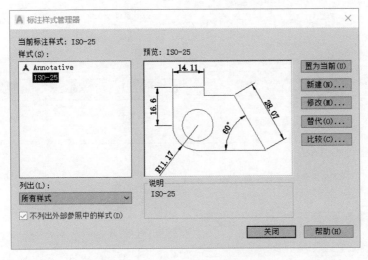

图 3-27　"非汉字"文字样式

图 3-28　"标注样式管理器"对话框

选择"符号和箭头"选项卡,将箭头改为"建筑标记",箭头大小修改为2,如图 3-31 所示。

选择"文字"选项卡,文字样式选择为"非汉字",如图 3-32 所示。

选择"调整"选项卡,将使用全局比例修改为 100,如图 3-33 所示。

完成以上设置后,单击"确定"按钮,回到

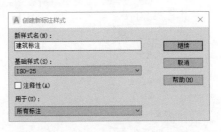

图 3-29　"创建新标注样式"对话框

"标注样式管理器"对话框,完成"建筑标注"标注样式的设置,如图 3-34 所示。

(7)保存成样板图文件。单击快速访问工具栏中的"另存为"按钮,打开"图形另存为"对话框,如图 3-35 所示。在"文件类型"下拉列表框中选择"AutoCAD 图形样板(∗.dwt)"选项,输入文件名"建筑施工图 A1 样板图",单击"保存"按钮,系统打开"样板选项"对话框,如图 3-36 所示。保存到系统默认位置或者自己指定的位置,单击"确定"按钮,保存文件。

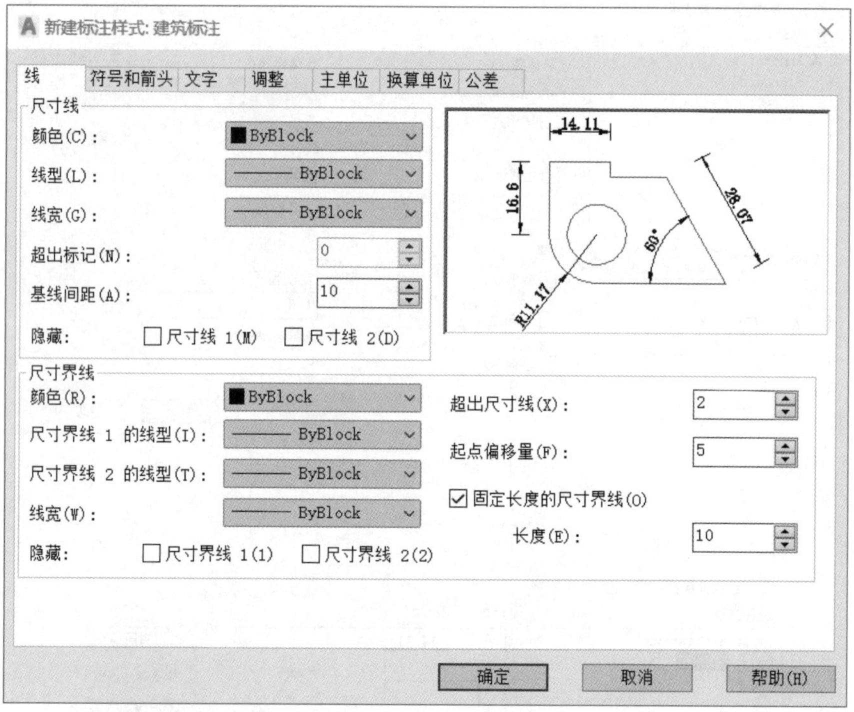

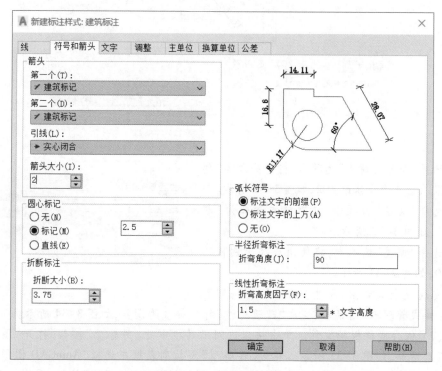

图 3-30　设置"线"选项卡

图 3-31　设置"符号和箭头"

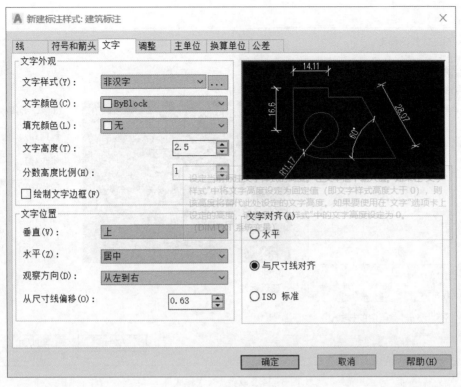

图 3-32　设置"文字样式"

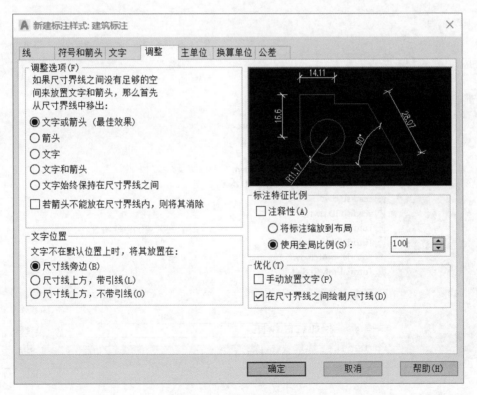

图 3-33　设置"全局比例"

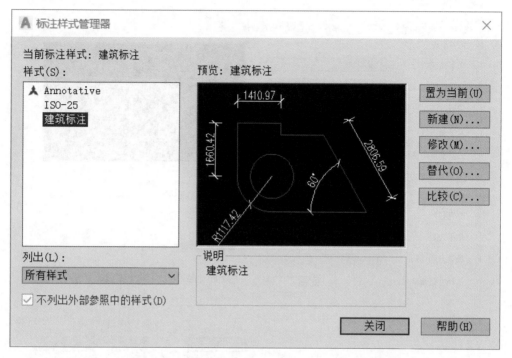

图 3-34　设置"标注样式"

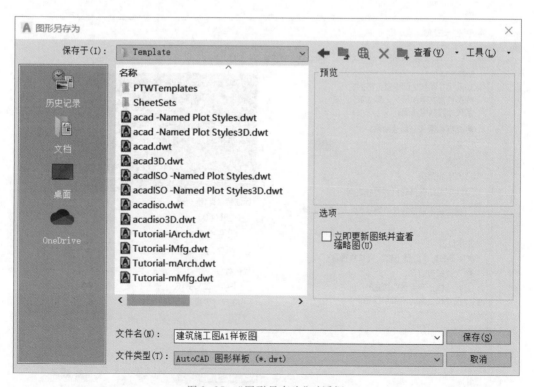

图 3-35　"图形另存为"对话框

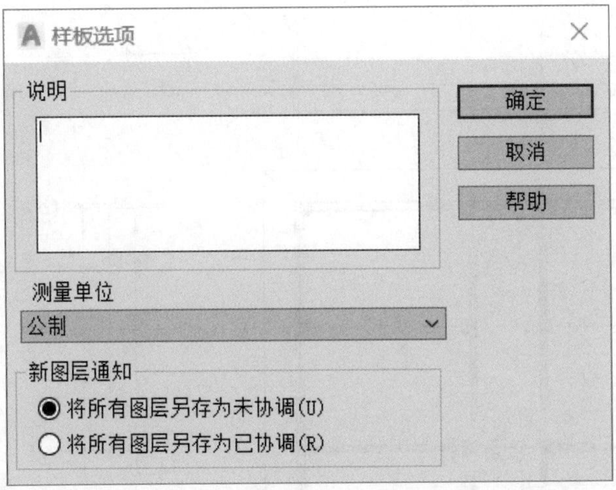

图 3-36　"样板选项"对话框

任务 3.3　绘 制 轴 网

接下来将进行建筑平面图的绘制,包括轴网、墙体、柱子、台阶、门窗、楼梯等的绘制。下面绘制图 3-37 所示的建筑平面图。

3.3.1　调用样板图

(1) 单击"新建"按钮,弹出"选择样板"对话框,选择前面保存的"建筑施工图 A1 样板图.dwt",如图 3-38 所示,单击"打开"按钮。

(2) 修改"建筑施工图 A1 样板图",扩大 100 倍样板图。在绘制建筑施工图时,尺寸是很大的,而且在绘图时一般要求按 1∶1 绘制,在输出打印时再调整为合适的比例。为了方便绘制建筑施工图,就要对样板图进行放大设置。

① 下拉菜单:"格式"→"图形界限"命令。重新设置图形界限,左下角点(0,0),右上角点(84 100,59 400)。

② 下拉菜单:"格式"→"线型"命令。将线型全局比例因子改为 100,如图 3-39 所示。

(3) 保存。单击"保存"按钮,默认位置在 C 盘"文档"处,用户可以根据需要保存到指定位置,文件名修改为"一层平面图",也可以根据要求修改文件名,如图 3-40 所示。

3.3.2　轴网绘制过程

前面工作都准备好之后就可以开始绘图,但是建议在绘图之前首先简单识读一下将要绘制的图形,这样既可以帮助用户快速绘图,又可以减少绘图错误,提高绘图效率。通过识图发现,将要绘制的一层平面图相对于⑧轴基本是对称的,因此可以先绘制出左半部分,然后再镜像,镜像之后将不同的地方修改即可。

微课
轴网绘制

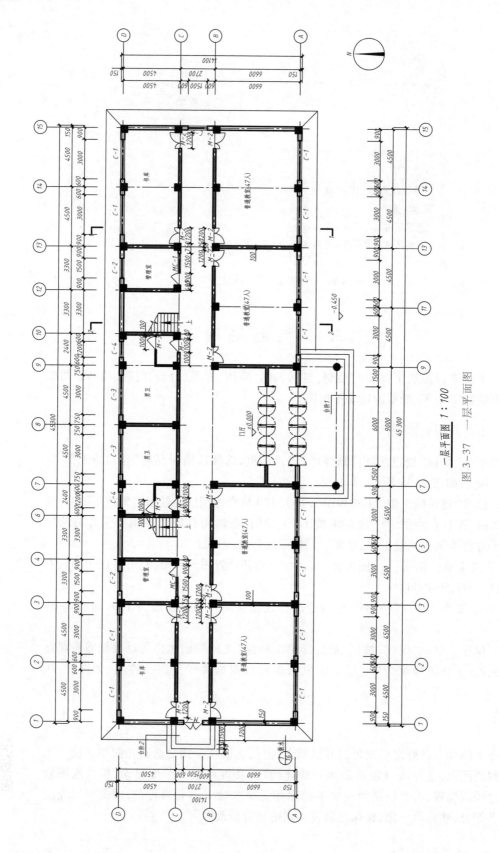

一层平面图 1:100

图 3-37　一层平面图

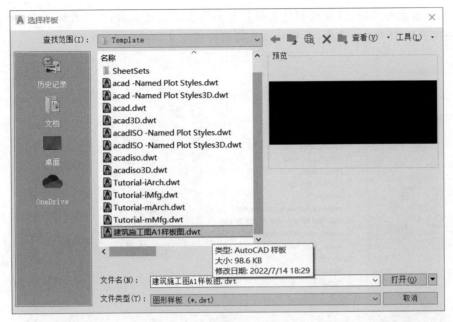

图 3-38　"选择样板"对话框

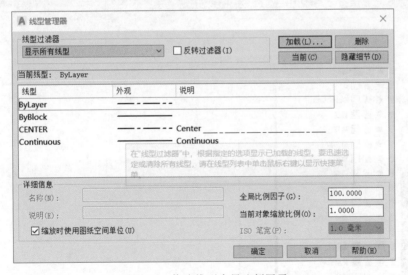

图 3-39　修改线型全局比例因子

【操作步骤】

（1）将"轴线"图层置为当前。功能区：单击"默认"选项卡"图层"面板中的"图层"下拉列表，单击"轴线"图层，这样"轴线"图层就被置为当前，如图 3-41 所示。后面在绘图过程中，更换图层均可按此操作。

（2）调用直线命令绘制出①轴和Ⓐ轴的轴线。首先把正交打开，然后先绘制Ⓐ轴，输入 L，在绘图区任意位置指定第一点，输入 25 000 后按<Enter>键或<Esc>键（总长为 45 300，只需要绘制一半，而轴线可适当长一些，为了方便计算，直接取 50 000 的一半，用户也可以取 46 000 的一半），此时可能绘制的直线没有完全显示在绘图区，用户可以双击鼠标滑轮,这样绘制的直线就会全部在绘图区显示;其次绘制①轴,操作同上,长度可取 15 000。注意:两根轴线的绘制样式尽量同图 3-42 所示。

图 3-40   保存文件

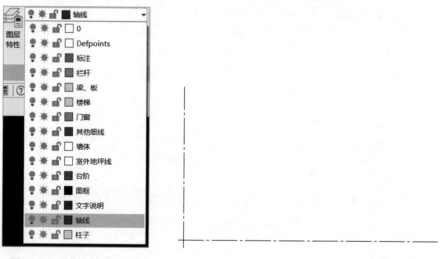

图 3-41   选择"轴线"图层   图 3-42   绘制轴线

(3)利用偏移命令绘制①~⑧轴和Ⓐ~Ⓓ轴的定位轴线,如图 3-43 所示。注意:偏移距离前后不一致时,要先取消偏移命令,然后再次调用偏移命令,输入距离才能够保证绘制正确。

(4)夹点编辑。在识图时发现⑤轴线只到Ⓑ轴线、④轴线只到Ⓒ轴线等,用户可以采用夹点编辑的方式将轴线进行拉伸,完成后如图 3-44 所示。注意:需要把对象捕捉打开,可将对象捕捉模式全部勾选。轴线圆圈及编号可先不画。

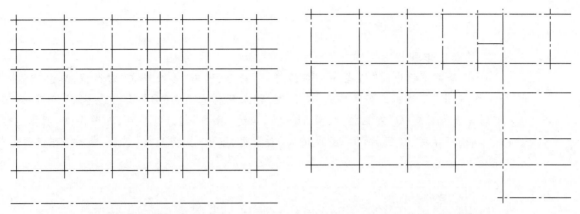

图 3-43 绘制轴网   图 3-44 夹点编辑

（5）快速标注。将"标注"图层置为当前，从右往左框选最上面的①～⑧轴线（注意：不能把Ⓐ～Ⓓ轴线也选中），然后选择菜单栏中的"标注"→"快速标注"命令，向上放置在合适位置，即可绘制出主轴线的尺寸标注。其他两个方向（左边和下方）按照上述操作方式完成快速标注，完成后如图 3-45 所示。

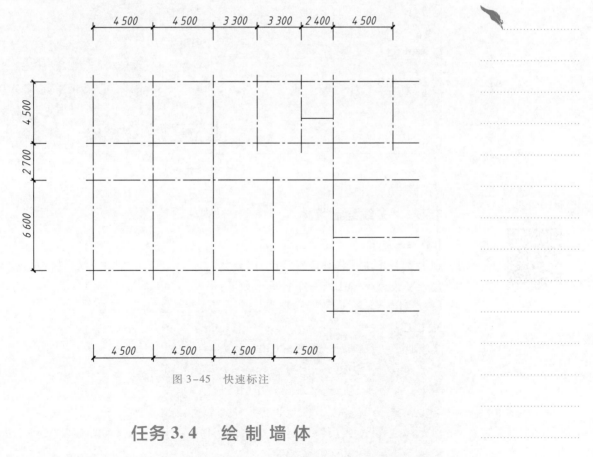

图 3-45 快速标注

任务 3.4 绘 制 墙 体

该一层平面图的墙体厚度有三种，外墙 300 mm、内墙 200 mm 和内墙 100 mm。下面主要介绍利用多线绘制墙体的方法。

3.4.1　多线设置

【操作步骤】

选择菜单栏中的"格式"→"多线样式"命令,弹出"多线样式"对话框,单击"新建"按钮,弹出"创建新的多线样式"对话框,输入新样式名为"Q",单击"继续"按钮,弹出"新建多线样式:Q"对话框,设置"封口",勾选"直线"起点和端点,如图 3-46 所示。然后,单击"确定"按钮,回到"多线样式"对话框,单击"置为当前"按钮,最后单击"确定"按钮。

A 新建多线样式:Q				×

说明(P):　[　　　　　　　　　　　　　　　　　　　　]

封口　　　　　　　　　　　　　　　　　　　　图元(E)

	起点	端点	偏移	颜色	线型
直线(L):	☑	☑	0.5	BYLAYER	ByLayer
外弧(O):	☐	☐	-0.5	BYLAYER	ByLayer
内弧(R):	☐	☐			
角度(N):	90.00	90.00			

　　　　　　　　　　　　　　　　　　添加(A)　　删除(D)

填充

填充颜色(F):　[☐ 无　　　　　　▽]　　偏移(S):　[0.000]

　　　　　　　　　　　　　　　　　颜色(C):　[■ ByLayer　▽]

显示连接(J):　☐　　　　　　　　　线型:　　[　　线型(Y)...]

　　　　　　　　　　[确定]　　[取消]　　[帮助(H)]

图 3-46　多线样式设置

3.4.2　多线绘制墙体

【操作步骤】

(1) 绘制外墙。将当前图层改为"墙体"。

输入多线命令(ML),命令行提示如下:

```
命令:ML
MLINE
当前设置:对正=上,比例=20.00,样式=Q
指定起点或[对正(J)/比例(S)/样式(ST)]:　J
输入对正类型[上(T)/无(Z)/下(B)]<上>:　Z
当前设置:对正=无,比例=20.00,样式=Q
指定起点或[对正(J)/比例(S)/样式(ST)]:　S
输入多线比例<20.00>:　300
当前设置:对正=无,比例=300.00,样式=Q
指定起点或[对正(J)/比例(S)/样式(ST)]:
```

完成设置后绘制外墙,如图 3-47 所示。

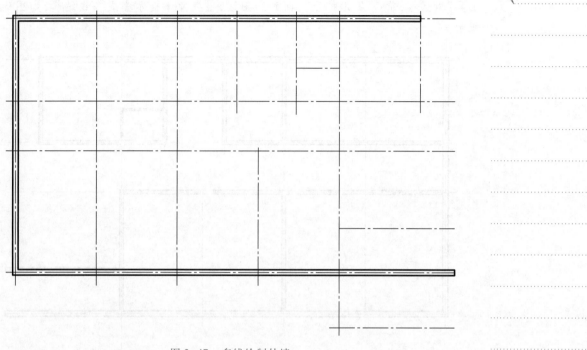

图 3-47　多线绘制外墙

（2）绘制内墙。操作同上,在设置比例(S)时改为 200 和 100 即可。完成后如图 3-48 所示。

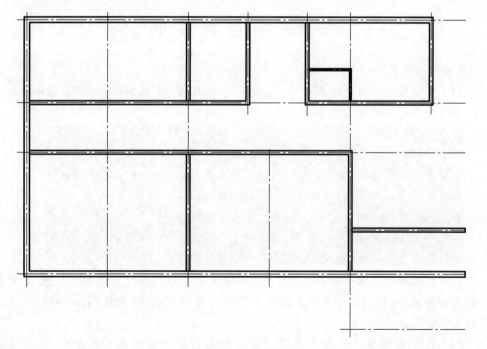

图 3-48　多线绘制内墙

（3）多线编辑。选中任何一个多线绘制墙体，然后双击鼠标左键，弹出"多线编辑工具"对话框，单击"T 形打开"，回到绘图区，根据操作提示完成多线编辑，如图 3-49 所示。

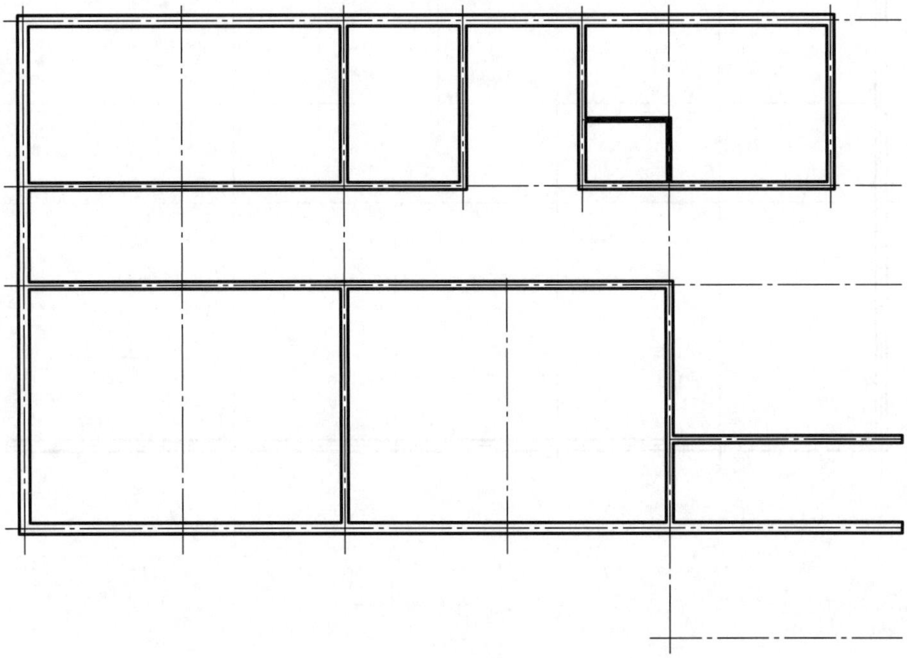

图 3-49　多线编辑

任务 3.5　绘制柱子

【操作步骤】

（1）绘制柱子。调用矩形命令（快捷命令为 REC）绘制 500 mm×500 mm 的矩形柱。根据命令行提示操作如下：

```
命令:REC
RECTANG
指定第一个角点或[倒角(C)/标高(E)/圆角(F)/厚度(T)/宽度(W)]:
指定另一个角点或[面积(A)/尺寸(D)/旋转(R)]:D
指定矩形的长度<10>:500
指定矩形的宽度<10>:500
指定另一个角点或[面积(A)/尺寸(D)/旋转(R)]:
```

（2）图案填充。调用图案填充命令（快捷命令为 H），图案选择 SOLID ，根据提示拾取内部点（在矩形柱内部单击鼠标左键），然后按<Space>键或<Enter>键，完成矩形柱图案填充。

（3）将矩形柱放置在指定位置。首先框选前面经过填充的矩形柱，利用复制（CO）命令，将矩形柱放置在指定位置，可先将Ⓓ轴放置完毕（注意复制时将矩形柱及

微课
柱子绘制

填充图案均选中,放置时对象捕捉要打开,正交模式关闭),然后框选Ⓓ轴上所有的矩形柱,如图3-50所示。再利用复制命令,将矩形柱放置在Ⓒ、Ⓑ、Ⓐ轴上,删除多余的矩形柱。

图 3-50　Ⓓ轴矩形柱

（4）按上述操作完成圆柱的绘制（半径为 250 mm）、填充及放置,完成后如图3-51所示。

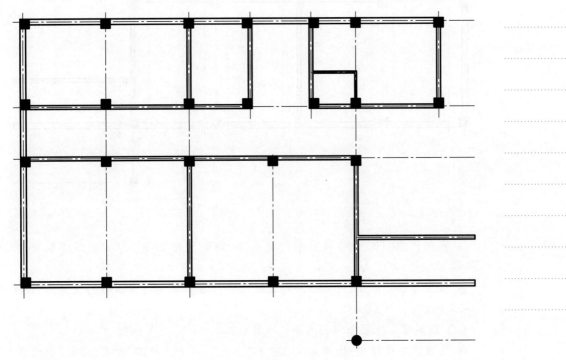

图 3-51　绘制柱子

任务 3.6　绘 制 门 窗

绘制门窗前首先需要完成门窗洞口的留设,然后利用直线、圆、圆弧、多线、偏移、修剪等命令绘制门窗。

【操作步骤】

（1）门窗洞口留设。根据给定的图纸,外部尺寸标注一共有三道,最里面反映的是门窗距离主轴线的尺寸。

① 根据这些尺寸,利用偏移（O）命令确定门窗洞口位置,为防止线条过多造成混乱,先偏移Ⓐ轴墙体上的门窗洞口,如图3-52所示。

② 快速标注。选中偏移的轴线和①~⑦轴线,选择菜单栏中的"标注"→"快速标

微课
门窗洞口留设

注"命令,完成该处尺寸标注,如图 3-53 所示。

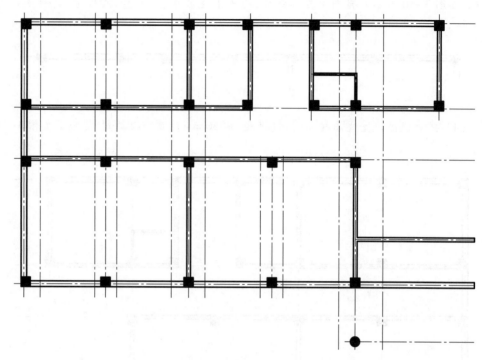

图 3-52 偏移门窗洞口位置

③ 利用修剪(TR)命令修剪出门窗洞口,修剪完成后将偏移的辅助线删除,如图
3-54 所示。

④ 按上述操作方法,完成另外两边的尺寸标注和其他门窗洞口的留设,完成后如
图 3-55 所示。

(2)绘制窗。这里介绍利用多线绘制窗。

① 设置窗多线样式:选择菜单栏中的"格式"→"多线样式"命令,弹出"多线样式"
对话框,单击"新建"按钮,弹出"创建新的多线样式"对话框,将"新样式名"设置为 C,
单击"继续"按钮,弹出"新建多线样式:C"对话框,设置"封口""图元"等,可参照
图 3-56 进行设置,完成后单击"确定"按钮,回到"多线样式"对话框,单击"置为当前"
按钮后,再单击"确定"按钮。

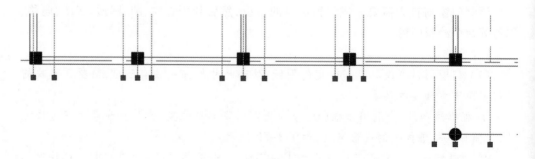

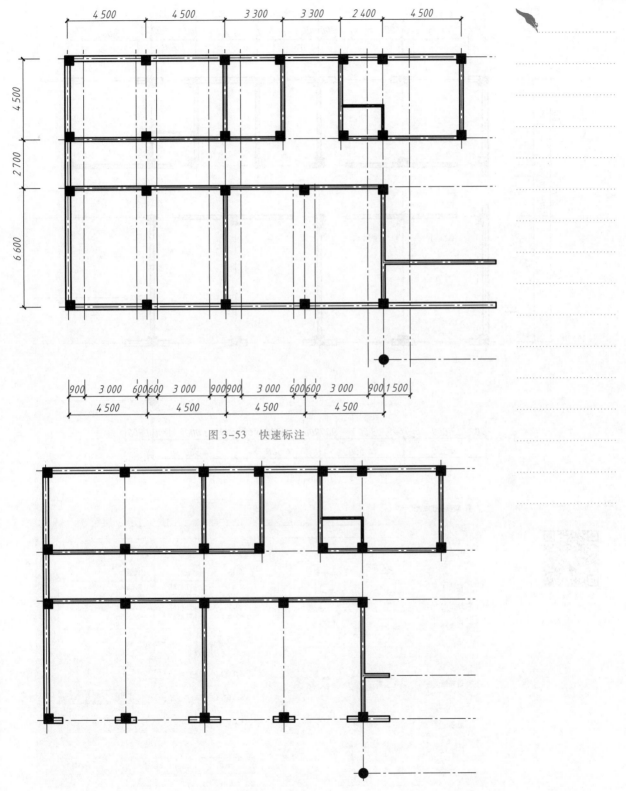

图 3-53　快速标注

图 3-54　修剪门窗洞口

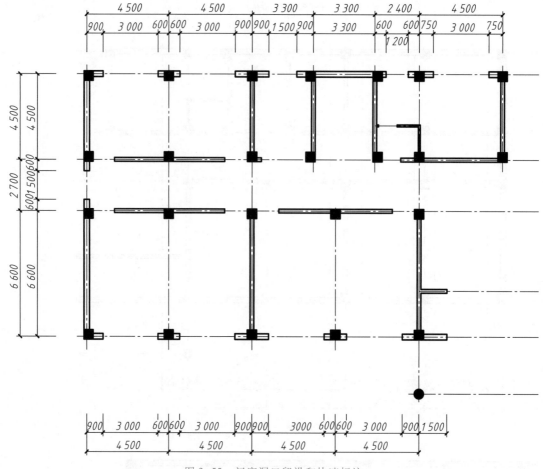

图 3-55　门窗洞口留设和快速标注

微课
绘制窗

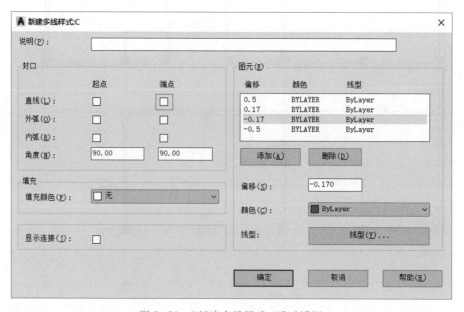

图 3-56　"新建多线样式:C"对话框

② 绘制窗。将当前图层修改为"门窗"。在命令行输入 ML，按照"对正＝无，比例＝300，样式＝C"进行设置(此处"对正"也可以设置为"上"或"下")。内墙处比例为200。绘制完成后，如图 3-57 所示。

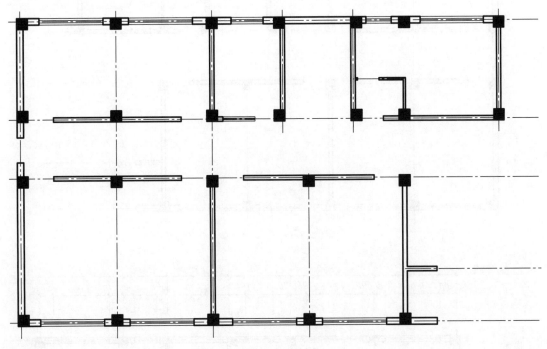

图 3-57　绘制窗

微课
绘制门

(3) 绘制门。以绘制 M-2 为例，调用直线命令分别绘制长为 800 mm 和 400 mm 的直线，如图 3-58(a)所示。调用圆弧命令绘制 1/4 圆，如图 3-58(b)所示。通过复制、镜像等编辑命令完成其他 M-2 的绘制，如图 3-59 所示。利用坐标输入方法和上述方法完成其他门的绘制，如图 3-60 所示。M-1 的绘制将在后面讲解。

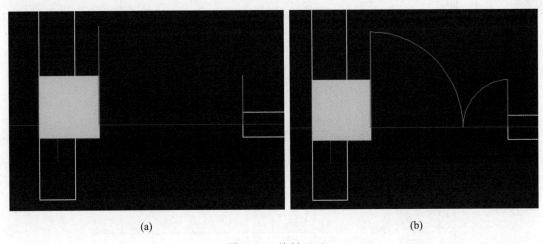

(a)　　　　　　　　　　　　　　　(b)

图 3-58　绘制 M-2

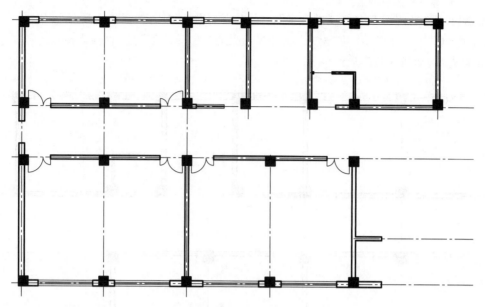

图 3-59 完成 M-2 绘制

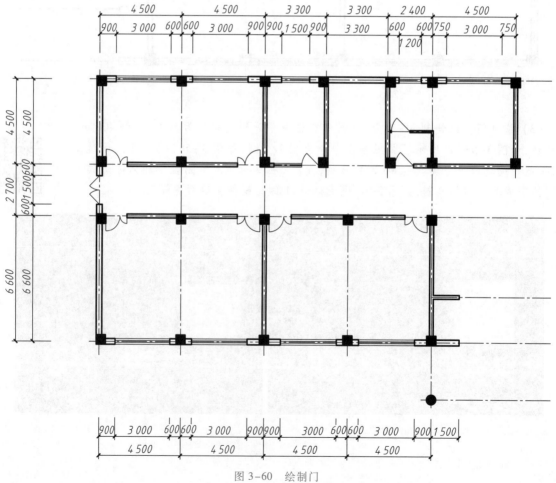

图 3-60 绘制门

任务 3.7　绘制楼梯、台阶、散水

3.7.1　绘制楼梯

楼梯段尺寸见图 6-1，梯段长 1 475 mm，踏面宽 260 mm，起步位置位于Ⓒ轴线以上 100 mm。

【操作步骤】

（1）作辅助线。用偏移命令绘制出离Ⓒ轴 100 mm 的辅助线。

（2）将当前图层改为"楼梯"，绘制梯段（长 1 475 mm），如图 3-61 所示。

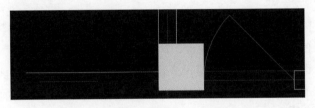

图 3-61　绘制第一个梯段

（3）调用偏移命令，偏移其他梯段，偏移距离为 260 mm，如图 3-62 所示。

（4）调用多段线命令绘制折断线和向上箭头，调用修剪命令将多余的线修剪掉，完成后如图 3-63 所示。

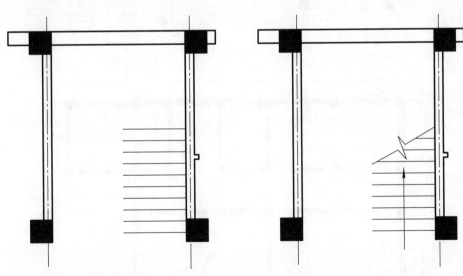

图 3-62　绘制梯段　　　　　　图 3-63　绘制折断线和箭头

（5）将当前图层改为"栏杆"，绘制楼梯栏杆，如图 3-64 所示。

3.7.2　绘制台阶

在该图形中有两处有台阶，下面介绍用多段线命令绘制台阶。

【操作步骤】

（1）绘制图形左边的台阶，通过识图可知，台阶边线距离墙边为 1 500 mm。

（2）将当前图层改为"台阶"，调用多段线命令，绘制图 3-65(a) 所示的多段线。

（3）调用偏移命令，偏移距离为 350 mm，完成台阶的绘制，如图 3-65(b) 所示。

（4）按上述步骤绘制入口处台阶，如图 3-66 所示。

3.7.3　绘制散水

【操作步骤】

（1）通过识图可知，散水位于墙边 1 200 mm 处。

（2）将当前图层改为"散水"，调用多段线命令，沿墙体绘制多段线。

（3）调用偏移命令，偏移距离为 1 200 mm，将多余部分修剪掉，转角处用直线连接，完成后如图 3-67 所示。

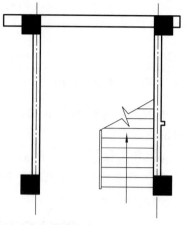

图 3-64　绘制楼梯栏杆

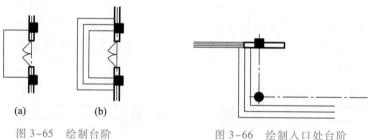

（a）　　　　（b）

图 3-65　绘制台阶　　　　图 3-66　绘制入口处台阶

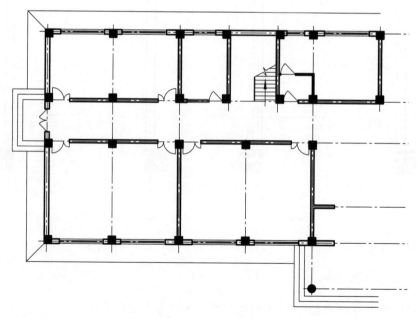

图 3-67　绘制散水

任务 3.8　标　　注

本任务主要介绍文字标注、尺寸标注、剖切符号、指北针、图名比例等的绘制。

3.8.1　文字标注

【操作步骤】

（1）将当前图层改为"文字说明"。

（2）调用文字命令，这里主要介绍单行文字的用法。

（3）将"非汉字"文字样式置为当前，先完成门窗标记等非汉字标记。字高设置为300，文字的旋转角度设置为0。

（4）将"汉字"文字样式置为当前，完成教室等汉字标记。

（5）完成索引符号标记，包括散水和台阶，完成后如图3-68所示。

微课
文字标注

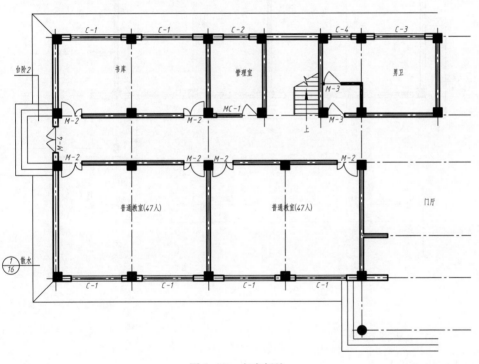

图 3-68　文字标注

3.8.2　尺寸标注

微课
尺寸标注

【操作步骤】

（1）将当前图层改为"标注"。调用线性标注命令，完成图形内部标注。

（2）调用基线标注命令完成外部总尺寸标注。

（3）给定位轴线编号，圆直径定为1 000，字大小为600，采用块的形式进行绘制，绘制完成后如图3-69所示。

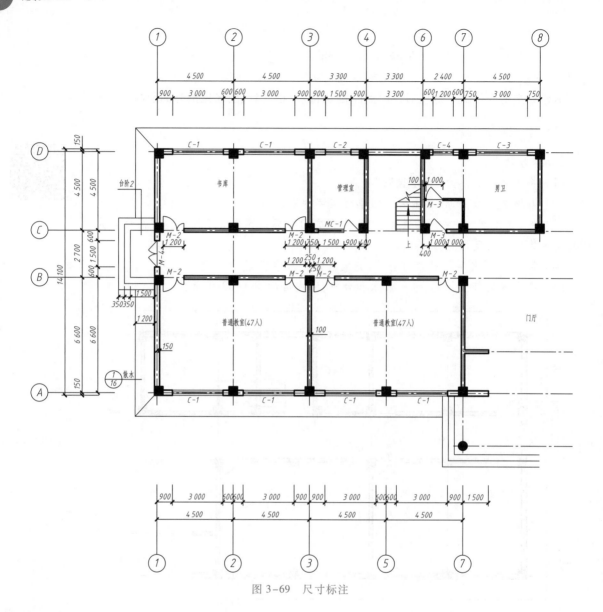

图 3-69　尺寸标注

微课
其他标注

3.8.3　其他标注

【操作步骤】

（1）全部选中绘制的图形，调用镜像命令，以⑧轴线为对称轴，镜像后图形如图 3-70 所示。

（2）对镜像后定位轴线轴号错误的、图形有不同的地方进行修改，如图 3-71 所示。

（3）绘制标高符号。标高符号为等腰直角三角形，采用块的形式进行绘制。

（4）绘制剖切符号，调用多段线命令进行绘制。

（5）绘制指北针、图名比例，如图 3-72 所示。

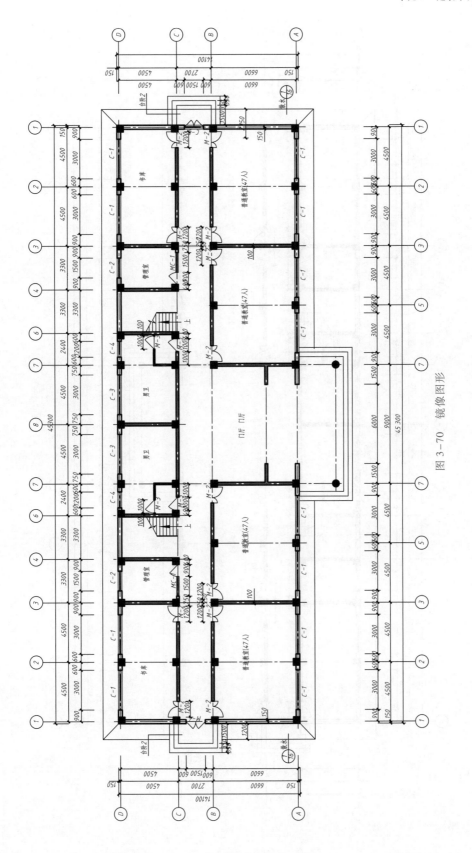

图 3-70　镜像图形

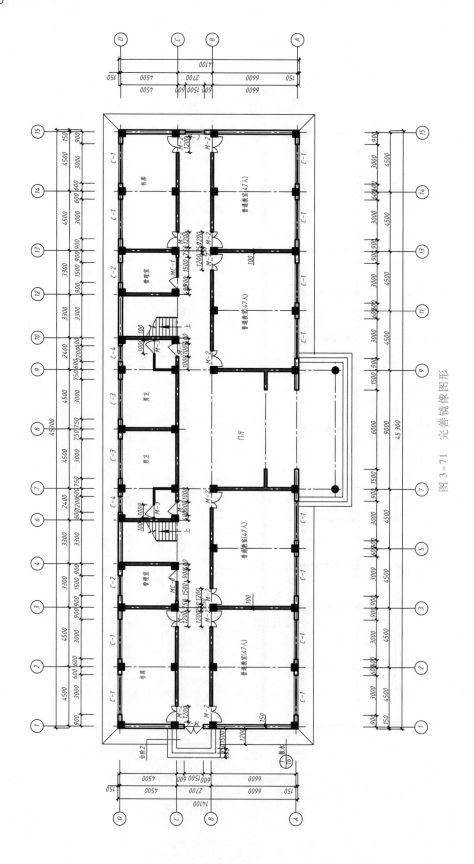

图 3-71　完善镜像图形

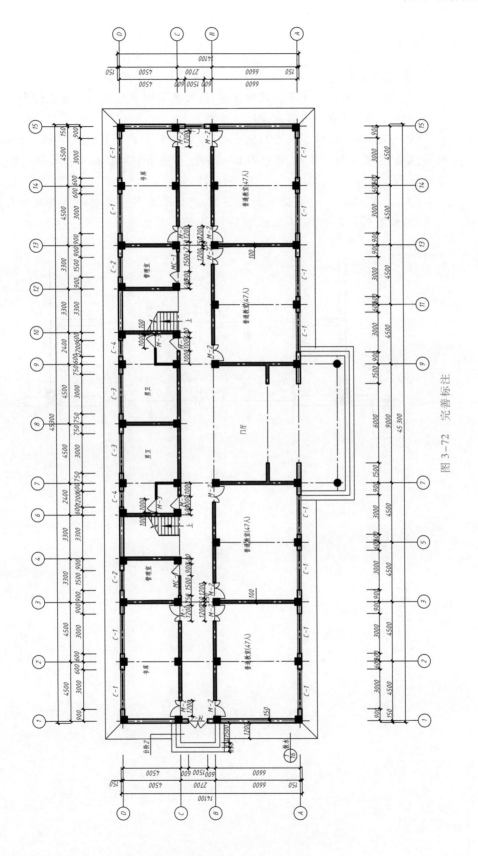

图 3-72 完善标注

3.8.4 绘制门厅门

【操作步骤】

（1）需要绘制的门是可以双向开的门，共有四组相同的门。首先绘制最左边的半扇门，调用矩形、直线和圆弧命令进行绘制。

（2）绘制虚线圆弧。先绘制圆弧，然后选中绘制的圆弧，在"特性"面板中将线型改为虚线，如果不显示虚线，则按<Ctrl+1>键，在弹出的对话框中修改线型比例为 0.2，即可显示虚线。

（3）绘制完成后，先镜像得到另外半扇门，然后调用复制命令将其他三扇门绘制出来，并放置到指定位置，结果如图 3-73 所示。完整图形如图 3-74 所示。

微课
门厅门的绘制

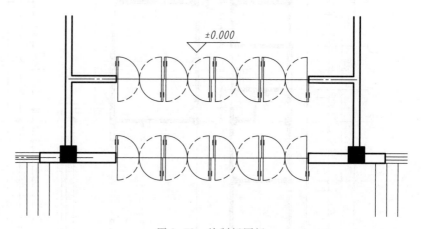

图 3-73　绘制门厅门

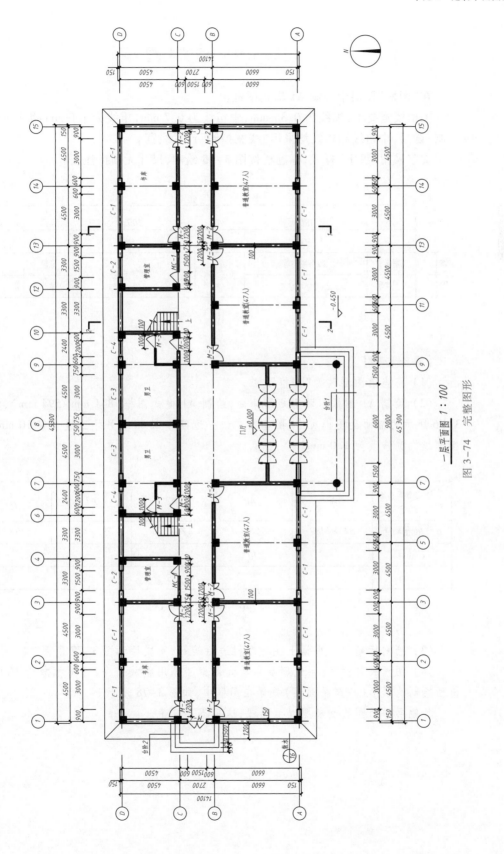

一层平面图 1：100

图 3-74　完整图形

任务 3.9　绘 制 图 框

在"图框"图层中绘制 A1 横式图框。

图框线宽要求：细线为 0.35 mm，中粗线为 0.7 mm，粗线为 1.0 mm，细线的"线宽控制"随层，中粗线和粗线均采用"线宽控制"设置线宽。

文字采用"汉字"样式，标题栏按图 3-75 绘制，尺寸无须标注。

微课
图框绘制

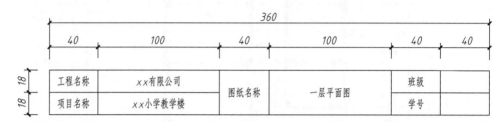

图 3-75　标题栏

【操作步骤】

（1）将当前图层改为"图框"。

（2）绘制 A1 图框。调用矩形命令，绘制 A1 横式图框（841 mm×594 mm），参照图 3-76 所示的幅面及图框尺寸，图框粗实线一边偏移 25 mm，另外三边偏移 10 mm，将内图框线线宽修改为 1.0 mm。

尺寸代号　幅面代号	A0	A1	A2	A3	A4
b×l/(mm×mm)	841×1189	594×841	420×594	297×420	210×297
c/mm	10			5	
a/mm	25				

图 3-76　幅面及图框尺寸

（3）绘制标题栏。根据上述标题栏进行绘制，完成后如图 3-77 所示。

（4）图框放置：按出图比例要求放大图框。调用缩放命令，将图框放大 100 倍，将前面绘制的图形（一层平面图）放置在图框中，如图 3-78 所示。

其他层平面图绘制参照以上步骤，这里不再赘述。

工程名称	××有限公司	图纸名称	一层平面图	班 级
项目名称	××小学教学楼			学 号

图 3-77 A1 横式图框绘制

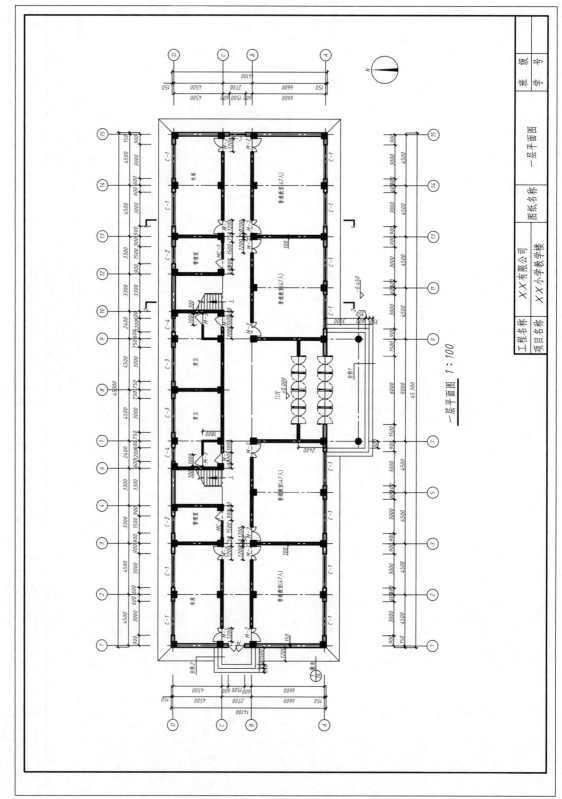

一层平面图 1:100

图 3-78　图框放置

单元 4

建筑立面图的绘制

本单元介绍在识读建筑立面图的基础上,利用 AutoCAD 软件绘制建筑立面图。

通过本单元的学习,了解建筑立面图的绘制步骤,熟练掌握建筑立面图的绘制和绘图技巧。

任务 4.1 绘制建筑立面图定位轴线

本任务将学习建筑立面图的绘制,包括轴网、外轮廓线、地坪线、门、窗等的绘制。下面以图 4-1 为例介绍建筑立面图的绘制。

4.1.1 调用样板图

(1) 单击"新建"按钮,弹出"选择样板"对话框,选择前面保存的"建筑施工图 A1样板图",如图 4-2 所示,单击"打开"按钮。

(2) 修改"建筑施工图 A1 样板图",将样板图扩大 100 倍。

① 下拉菜单:"格式"→"图形界限"命令。重新设置图形界限,左下角点(0,0),右上角点(84 100,59 400)。

② 下拉菜单:"格式"→"线型"命令。将线型全局比例因子改为 100,如图 4-3所示。

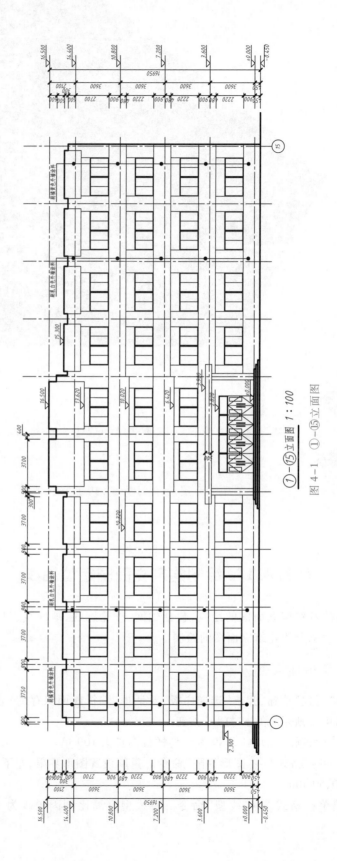

①—⑮立面图 1:100

图 4-1　①—⑮立面图

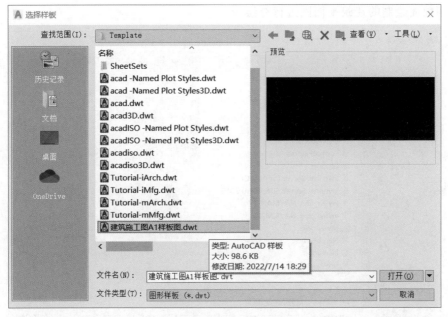

图 4-2　"选择样板"对话框

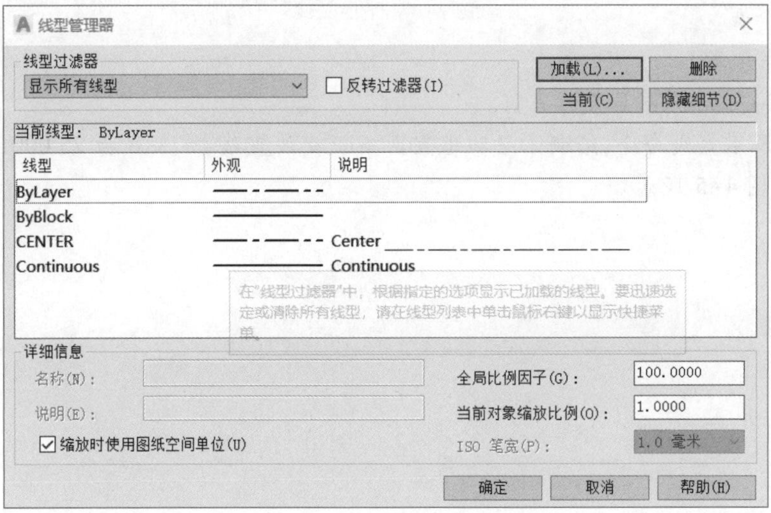

图 4-3　修改线型全局比例因子

（3）保存。单击"保存"按钮，默认位置在"C 盘文档"处，用户可以根据需要保存到指定位置，文件名修改为"1-15 立面图"，也可以根据要求修改文件名，如图 4-4 所示。

注意：也可以不调用样板文件，以新建文件的方式来绘制建筑立面图，可直接在上一单元建筑平面图文件中绘制建筑立面图。

4.1.2　绘制轴网

通过识读建筑立面图和之前绘制的一层平面图可知，将要绘制的立面图相对于⑧轴线是对称的，因此可以先绘制出左半部分，然后再镜像，镜像之后将不同的地方修改即可。建筑平面图的绘制基本上是抄绘，而建筑立面图的绘制除了抄绘之外，更多的是对照前面绘制的建筑平面图进行补绘。

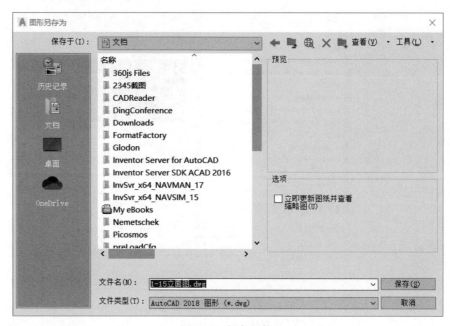

图 4-4　保存文件

【操作步骤】

（1）将"轴线"图层置为当前。

（2）调用直线命令，绘制水平和垂直两条正交的直线，水平线为 25 000，垂直线为 20 000，如图 4-5 所示。

图 4-5　绘制轴线

（3）利用偏移命令绘制①~⑧轴的定位轴线，偏移距离均为4 500，如图4-6所示。

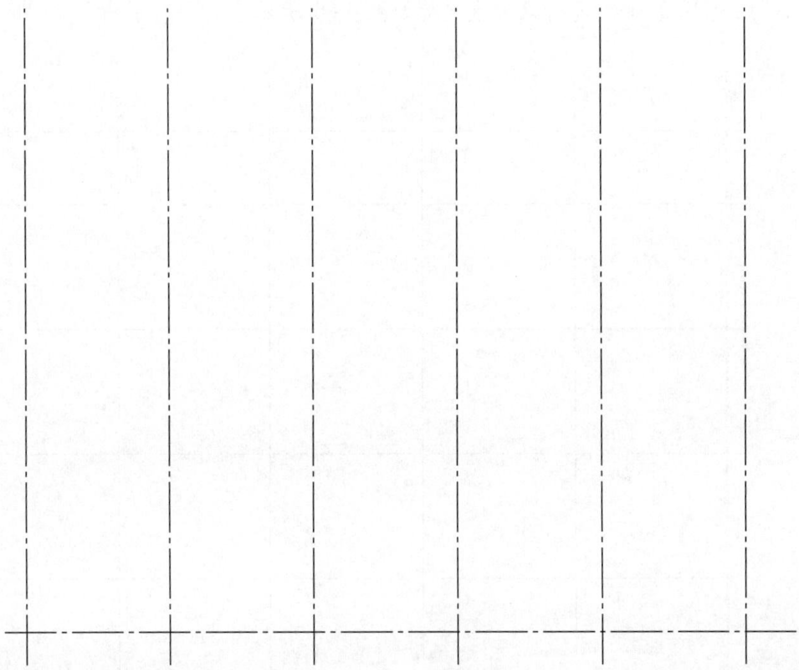

图4-6 ①~⑧轴线

（4）利用偏移命令绘制高度方向轴线，偏移距离分别是450、3 600、3 600、3 600、3 600、2 100，完成后如图4-7所示。

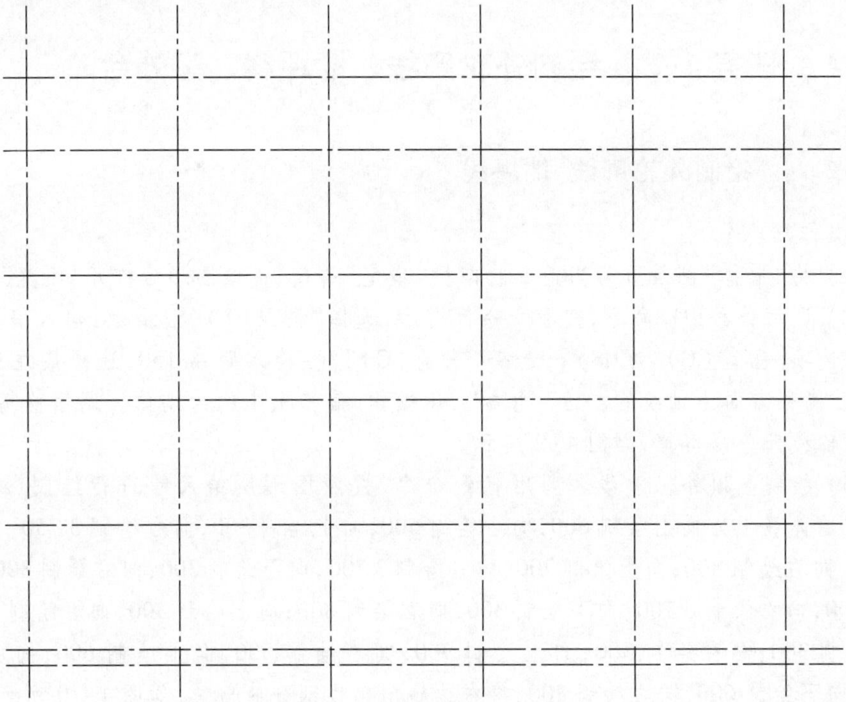

图4-7 建筑立面图定位轴线

（5）将当前图层改为"标注"，选择全部标高轴线，调用快速标注命令（"标注"→"快速标注"），对标高轴线进行尺寸标注，如图4-8所示。

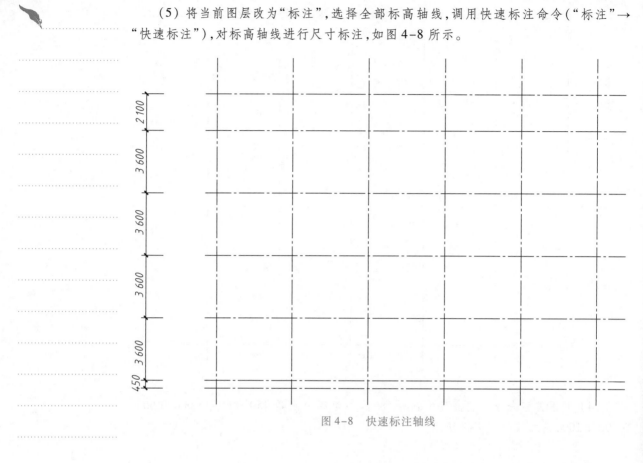

图4-8　快速标注轴线

任务 4.2　绘制外轮廓线、地坪线、室外台阶

4.2.1　绘制外轮廓线、地坪线

【操作步骤】

（1）将"墙体"图层置为当前。状态栏"线宽"关闭，镜像图形后打开"线宽"。

（2）调用偏移（O）命令，查看命令行提示，选择"图层（L）"后提示：输入偏移对象的图层选项［当前（C）/源（S）］，选择"当前（C）"，再输入距离150，选择最左边的轴线，然后偏移方向为轴线的左边。根据上述操作，偏移出来的为墙体。调用修剪命令，将超出轴线部分修剪掉，如图4-9所示。

（3）绘制屋顶外轮廓线。调用直线命令，按照图形所给尺寸进行绘制（连续绘制），在墙体最上方向上绘制600，向右绘制500，向上绘制300，向右绘制3750，向下绘制300，向右绘制800；向上绘制300，向右绘制3700，向下绘制300，向右绘制800；向上绘制300，向右绘制3700，向下绘制300，向右绘制800；向上绘制300，向右绘制3700，向下绘制300，向右绘制300；向上绘制900，向右绘制500，向上绘制600，向右绘制3700，向下绘制600，向右绘制400，将右边超出轴线部分修剪掉，如图4-10所示。

（4）将当前图层改为"室外地坪线"，调用直线命令绘制地坪线，如图4-11所示。

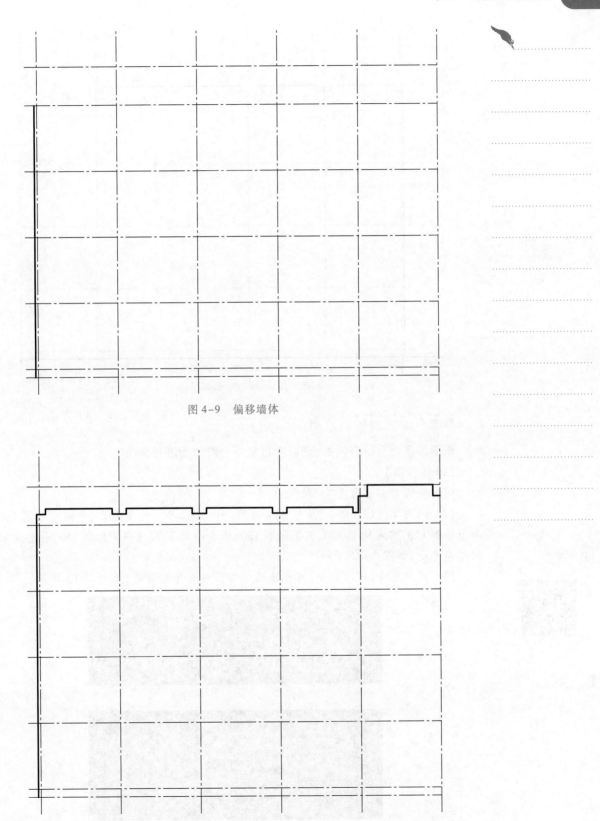

图 4-9 偏移墙体

图 4-10 立面图外轮廓线

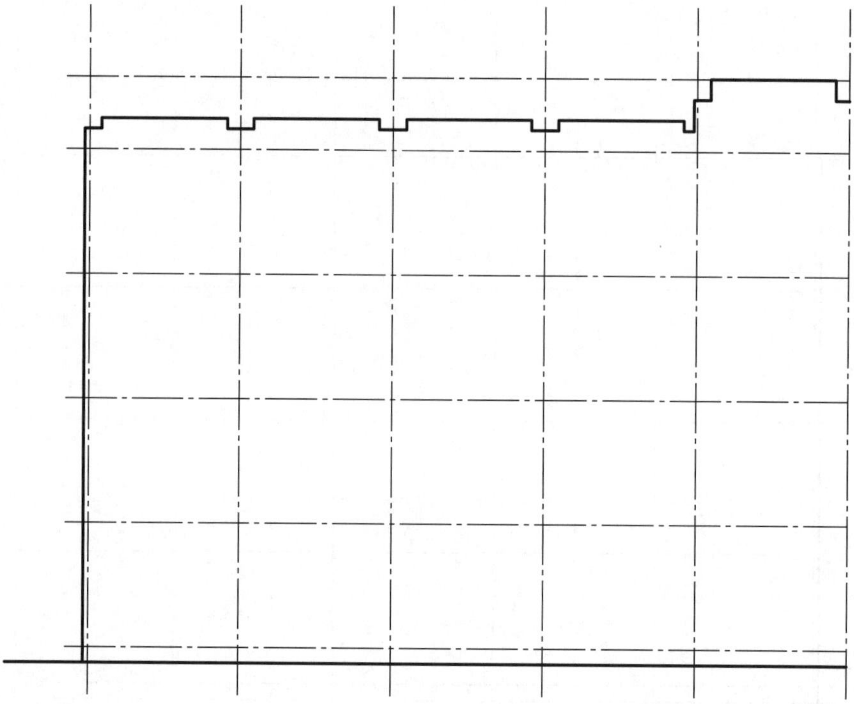

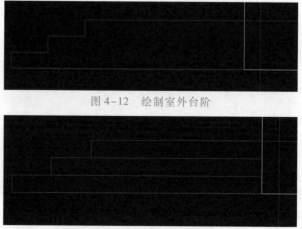

图 4-11　绘制地坪线

4.2.2　绘制室外台阶

该图形室外台阶有两处,现以左边室外台阶为例进行介绍。

【操作步骤】

(1) 将当前图层改为"台阶"。

(2) 调用直线(L)命令,从墙体与轴线(±0.000)相交处为起点,先向左绘制 1500,向下绘制 150,向左绘制 350,向下绘制 150,向左绘制 350,再向下绘制 150,最后向右绘制到墙体处,如图 4-12 所示。

(3) 调用延伸(EX)命令,将台阶两个踏面线延伸至墙边,如图 4-13 所示。

微课

绘制室外台阶

图 4-12　绘制室外台阶

图 4-13　延伸踏面线

（4）按上述操作完成入口处室外台阶的绘制，如图 4-14 所示。

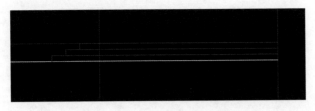

图 4-14　绘制入口处室外台阶

任务 4.3　绘制立面图门、窗等

4.3.1　绘制立面图窗

微课
绘制立面图窗

该立面图窗大部分是相同的，因此可先绘制一个，其他的采用复制方法进行绘制。

【操作步骤】

（1）将当前图层改为"门窗"。在立面图上主要显示门窗的高度，门窗的宽度需要对照建筑平面图。

（2）调用偏移（O）命令。水平方向，距离①轴线偏移 900，距离②轴线偏移 600；垂直方向，距离正负零线偏移 900，再以此线偏移 2 220，左下角窗在立面图中的位置如图 4-15 所示。

（3）调用矩形（REC）命令。第一个角点选择窗位置的左上角，另一个角点选择窗位置的右下角，窗框绘制完成，此时可将刚才绘制的四条辅助线删除，如图 4-16 所示。

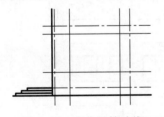

图 4-15　窗位置辅助线

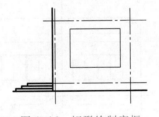

图 4-16　矩形绘制窗框

（4）调用分解命令，将矩形窗框分解；调用偏移（O）命令，从窗框最上面的线向下偏移 720，绘制出亮窗；调用直线（L）命令，经过窗框最下面的线中点绘制直线；调用矩形（REC）命令，绘制图 4-17（a）所示的矩形窗框，再向里偏移 50，经过中点绘制直线，如图 4-17（b）所示。

（5）选择上述绘制的窗扇，调用镜像（MI）命令，镜像出另一边窗扇，如图 4-18 所示。

（6）利用镜像和复制命令绘制出相同的窗，如图 4-19 所示。

（7）最右边窗的高度为 1 920，宽度为 3 000，形式与上述窗一致，仅亮窗缩小 300（上述亮窗为 720，此处为 420），因此可复制后将亮窗部分缩短，完成后如图 4-20 所示。

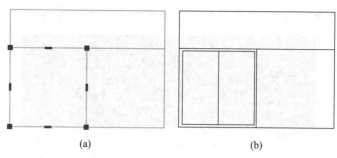

图 4-17　绘制窗扇

（8）绘制装饰线条。在此立面图中，外墙装饰采用涂料，因此需要绘制出各涂料的分界线，调用直线命令绘制装饰线条，完成后如图 4-21 所示。

4.3.2　绘制立面图柱和雨篷

该立面图入口处有圆形柱和雨篷。

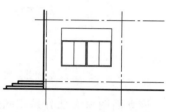

图 4-18　镜像窗扇

【操作步骤】

（1）将当前图层改为"柱"。参照建筑平面图，柱的半径为 250。

（2）调用偏移（O）命令，各偏移 250，修剪多余的线条。

（3）识读建筑立面图，查看雨篷尺寸，调用直线、偏移、修剪等命令绘制出雨篷入口处及左边雨篷，如图 4-22 所示。

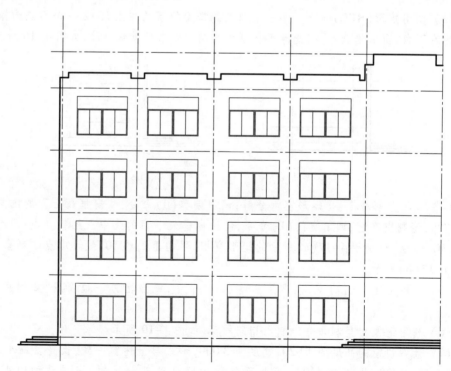

图 4-19　镜像和复制窗

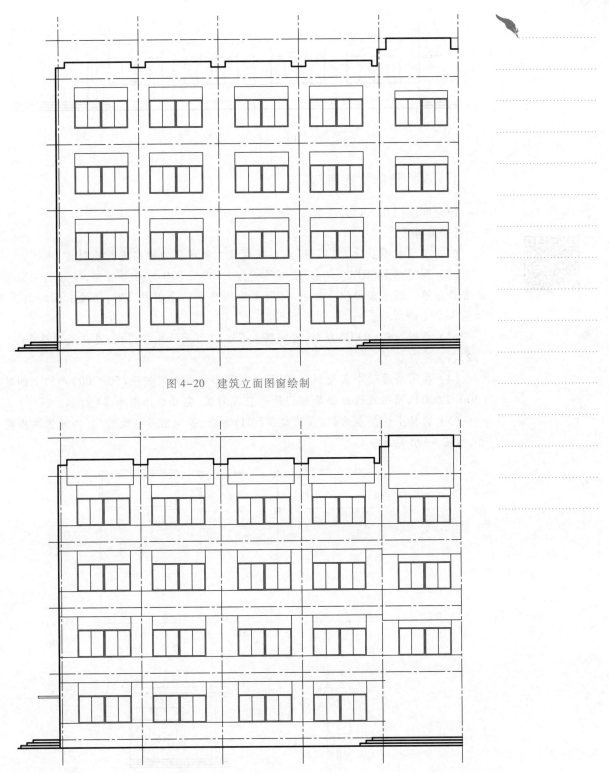

图 4-20　建筑立面图窗绘制

图 4-21　绘制建筑立面图装饰线条

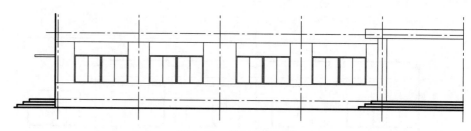

图 4-22　绘制柱和雨篷

4.3.3　绘制立面图门

微课

绘制立面图门

该立面图门在入口处。

【操作步骤】

（1）将当前图层改为"门窗"。参照建筑立面图门的样式进行绘制。

（2）调用矩形（REC）命令，绘制尺寸为 1 500×2 820 的矩形门框，然后利用分解命令进行分解。调用偏移（O）命令，将最上面的线条向下偏移 720，并过中点绘制直线，如图 4-23（a）所示。

（3）调用矩形（REC）命令，绘制图 4-23（b）所示的矩形门框，再向里偏移 50，如图 4-23（c）所示。

（4）在门扇处过中点绘制直线，调用矩形命令绘制门把手（50×700）和门上的玻璃（300×1 000），调用直线命令绘制门的开启方向线，完成后如图 4-24 所示。

（5）选择上述绘制的门，调用镜像（MI）命令，镜像出另一边的门，并放置在指定位置，如图 4-25 所示。

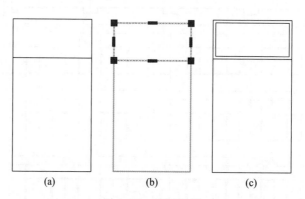

(a)　　　　　　(b)　　　　　　(c)

图 4-23　绘制门框

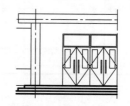

图 4-24　绘制门　　　　图 4-25　镜像门

任务 4.4　标注建筑立面图

4.4.1　文字标注

文字标注包括图名比例、装饰说明等。

【操作步骤】

(1) 将当前图层改为"文字说明"。

(2) 调用文字命令,完成图名比例标注。

(3) 完成装饰说明标注,完成后如图 4-26 所示。

微课
标注建筑立面图

刷橘黄色外墙涂料　刷乳白色外墙涂料

①—⑮立面图 1∶100

图 4-26　文字标注

4.4.2　尺寸标注

【操作步骤】

(1) 将当前图层改为"标注"。

(2) 调用线性标注命令完成细部标注;调用基线标注命令完成外部总尺寸标注。

(3) 定位轴线编号,方法同建筑平面图尺寸标注。

(4) 绘制标高,完成后如图 4-27 所示。内部标高可镜像后再进行标注。

(5) 镜像。除图名比例外全选绘制的图形,利用镜像命令镜像绘制的图形,完善门、窗、雨篷等标高,修改定位轴线编号等,完成后如图 4-28 所示。

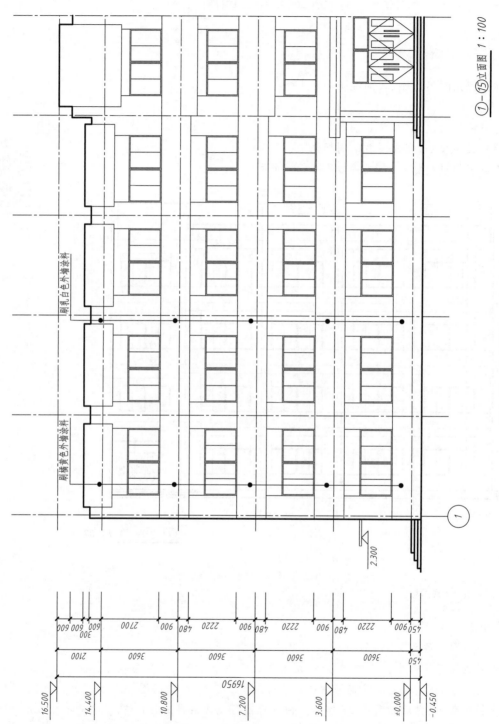

图 4-27 尺寸标注

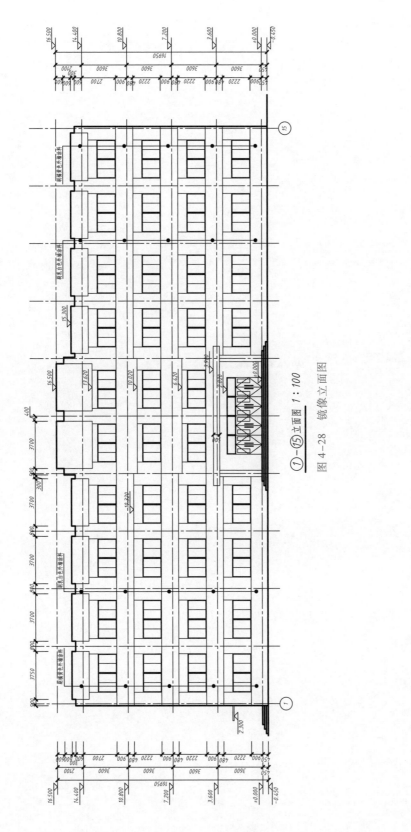

①—⑮立面图 1:100

镜像立面图

图 4-28

单元 5

建筑剖面图的绘制

本单元介绍在识读建筑剖面图的基础上,利用 AutoCAD 软件绘制建筑剖面图。

通过本单元的学习,了解建筑剖面图的绘制步骤,熟练掌握建筑剖面图的绘制和绘图技巧,能够识读建筑剖面图。

任务 5.1 绘制建筑剖面图定位轴线

本任务将学习建筑剖面图的绘制,包括定位轴线、外轮廓线、墙线、门、窗、楼地面、梁、柱等的绘制。下面以图 5-1 为例介绍建筑剖面图的绘制。

5.1.1 调用样板图

(1) 单击"新建"按钮,弹出"选择样板"对话框,选择前面保存的"建筑施工图 A1 样板图",如图 5-2 所示,单击"打开"按钮。

(2) 修改"建筑施工图 A1 样板图",将样板图扩大 100 倍。

① 下拉菜单:"格式"→"图形界限"命令。重新设置图形界限,左下角点(0,0),右上角点(84 100,59 400)。

② 下拉菜单:"格式"→"线型"命令。将线型全局比例因子改为 100,如图 5-3 所示。

(3) 保存。单击"保存"按钮,默认位置在"C 盘文档"处,用户可以根据需要保存到指定位置,文件名修改为"2-2 剖图",也可以根据要求修改文件名,如图 5-4 所示。

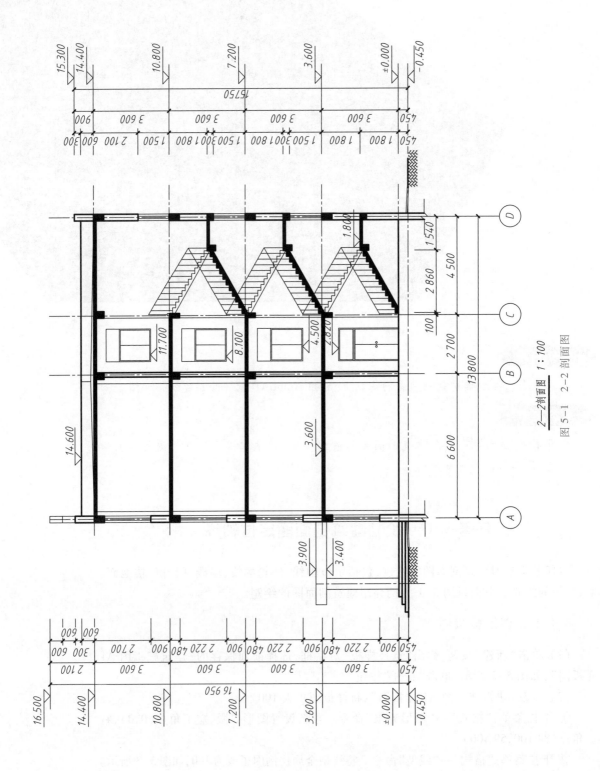

2—2剖面图 1：100

图 5-1 2-2 剖面图

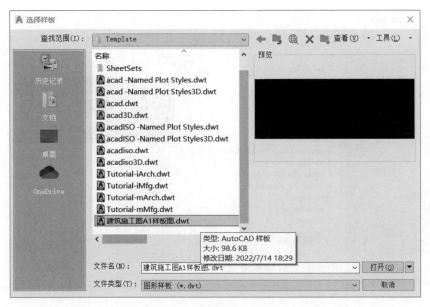

图 5-2　"选择样板"对话框

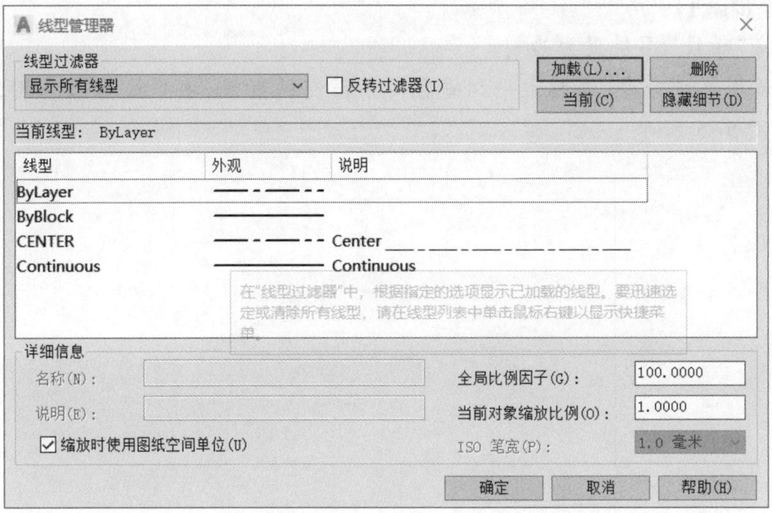

图 5-3　修改线型全局比例因子

　　注意：也可以不调用样板文件，以新建文件的方式来绘制建筑剖面图，可直接在前面的建筑平面图或建筑立面图文件中直接绘制建筑剖面图。

5.1.2　绘制定位轴线

　　建筑剖面图的绘制首先要明确剖切位置和剖视方向。识读建筑平面图，按照从左往右的绘图原则，2-2 剖面图的左边是Ⓐ轴线，右边是Ⓓ轴线。建筑剖面图既要绘制被剖切到的，又要绘制剖视方向能看到的，所以 2-2 剖面图最左边应该是入口处的雨篷和台阶（这是看到的），然后是被剖切到的散水和墙体，依次从左往右绘制，因此建筑剖面图的绘制需要对照建筑平面图和建筑立面图，根据对应的位置和尺寸来绘制。

图 5-4 保存文件

【操作步骤】

(1) 将"轴线"图层置为当前。

(2) 调用直线命令,绘制水平和垂直两条正交的直线,水平线为 15 000,垂直线为 20 000,如图 5-5 所示。

图 5-5 绘制轴线

(3) 利用偏移命令绘制Ⓐ~Ⓓ轴的定位轴线,偏移距离分别为 6 600、2 700 和 4 500,然后利用偏移命令绘制左边圆柱的定位轴线,偏移距离为 3 000,如图 5-6 所示。

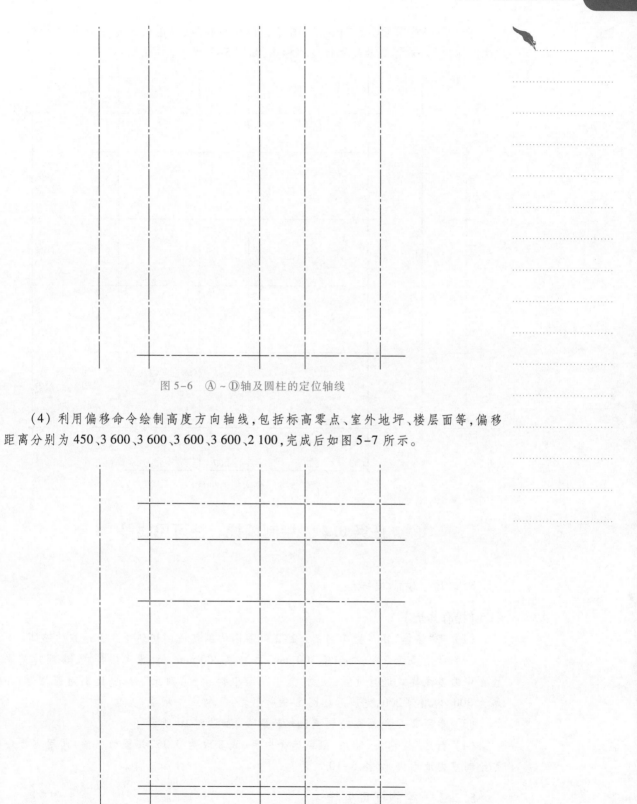

图 5-6　Ⓐ~Ⓓ轴及圆柱的定位轴线

（4）利用偏移命令绘制高度方向轴线，包括标高零点、室外地坪、楼层面等，偏移
距离分别为 450、3 600、3 600、3 600、3 600、2 100，完成后如图 5-7 所示。

图 5-7　建筑剖面图定位轴线

（5）将当前图层改为"标注"，选择全部标高轴线，调用快速标注命令（"标注"→"快速标注"），对标高轴线进行尺寸标注，如图 5-8 所示。

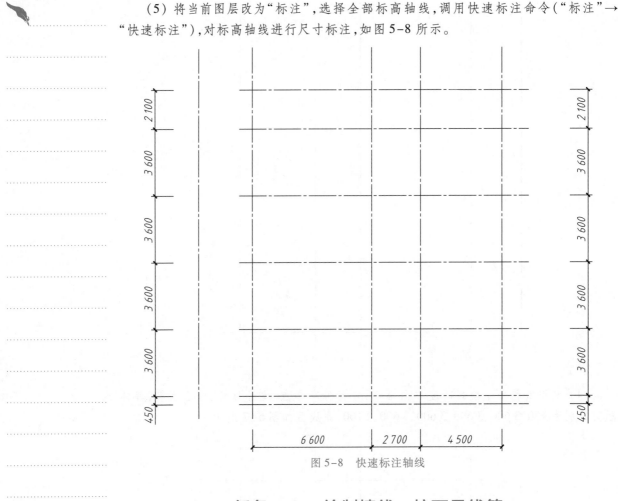

图 5-8 快速标注轴线

任务 5.2   绘制墙线、柱可见线等

5.2.1   绘制墙线

【操作步骤】

（1）将"墙体"图层置为当前。2-2 剖面图的剖切线剖切到了 3 个地方的墙体。

（2）调用多线命令，外墙厚 300 mm，内墙厚 200 mm。设置多线样式，参照建筑平面图中的多线样式进行设置，注意"封口"，绘制时设置"对正"为无，比例对应墙厚，外墙为 300，内墙为 200，完成后如图 5-9 所示。

（3）参照 2-2 剖面图绘制屋顶外轮廓线，如图 5-10 所示。

（4）新建"楼地面"图层，颜色选择白色，线宽改为 0.35，并置为当前，调用直线命令绘制室内地面线，如图 5-10 所示。

5.2.2   绘制柱可见线

绘图顺序一般是从左向右，该剖面图一层最左边是台阶、雨篷等，这个将在后面讲解,再往右边,查看一层平面图,除了上述绘制的墙体外,还有柱和墙体的可见线。

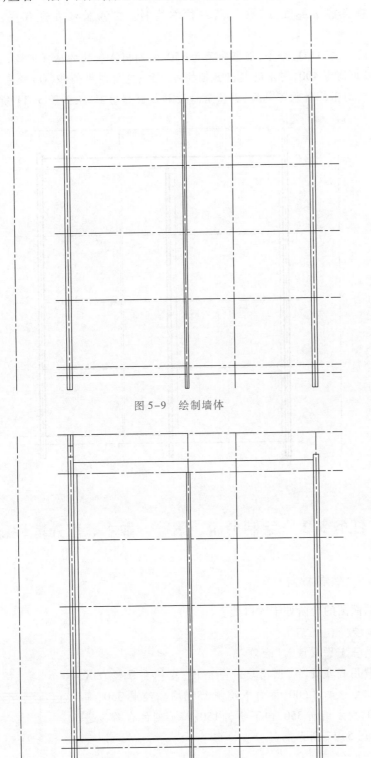

图 5-9　绘制墙体

图 5-10　屋顶外轮廓线和地面线

【操作步骤】

（1）将当前图层改为"柱"，从左往右绘制。在Ⓐ轴线右边有柱可见线，距离为350。

（2）调用偏移（O）命令，偏移距离为350，绘制出Ⓐ轴处的柱可见线；调用偏移（O）命令，偏移距离为400，向左绘制出Ⓑ轴柱可见线；再次调用偏移（O）命令，偏移距离为100，向左绘制出Ⓒ轴柱可见线，并修剪地面和屋面超出部分，如图5-11所示。

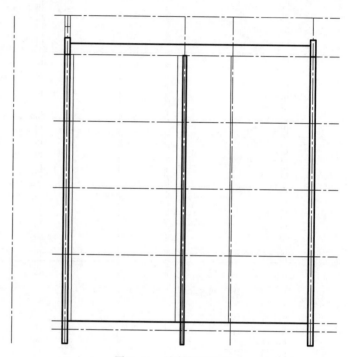

图5-11　绘制柱可见线

任务 5.3　绘制台阶、雨篷、散水、室外地坪线

5.3.1　绘制台阶

2-2剖面图的台阶处于入口处。

【操作步骤】

（1）将当前图层改为"台阶"。

（2）调用直线命令，识读建筑平面图，在标高零线与Ⓐ轴交点处向左绘制3 600，再向下绘制150，向左绘制350，向下绘制150，向左绘制350，向下绘制150，将绘制的台阶线进行完善，如图5-12所示。

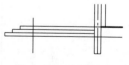

图5-12　绘制台阶

5.3.2　绘制雨篷

【操作步骤】

（1）将当前图层改为"柱"。

（2）调用偏移和直线命令，绘制入口处的柱。

（3）将当前图层改为"其他细线"。调用偏移和直线命令绘制雨篷。雨篷顶标高为 3 900，雨篷底标高为 3 400，从Ⓐ轴线向左 3 950，完成后如图 5–13 所示。

微课
绘制台阶、雨篷

5.3.3　绘制散水及室外地坪

【操作步骤】

（1）将当前图层改为"散水"。散水的坡度一般为 3% ~5%，散水外缘高出室外地坪 30 ~50 mm。此处可取坡度为 5%，外缘高度为 30 mm，散水厚度为 60 mm。

（2）调用偏移和直线命令绘制散水。

（3）将当前图层改为"室外地坪"。调用直线命令绘制室外地坪。

（4）将"图案填充"图层置为当前，调用图案填充命令在室外地坪线处填充夯实土壤图例，完成后如图 5–14 所示。

微课
绘制散水和室外地坪

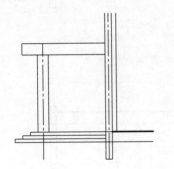

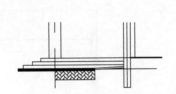

图 5–13　绘制柱和雨篷　　　　　图 5–14　绘制散水、室外地坪和夯实土壤图例

任务 5.4　绘制建筑剖面图门、窗

5.4.1　绘制建筑剖面图窗

【操作步骤】

（1）将当前图层改为"门窗"。该图中外墙的窗都是被剖切到的，因此利用多线命令绘制即可；在二层以上，Ⓑ轴和Ⓒ轴中间（即走廊处）有看到的窗 C–5。

（2）调用偏移命令，根据窗所在位置（距离楼地面 900，高度为 2 220），偏移出辅助线；调用修剪命令，修剪出窗洞口；调用多线命令，绘制出Ⓐ轴一层处的窗。

（3）按上述操作绘制出其他外墙的窗，完成后如图 5–15 所示。

（4）绘制二层走廊处的窗 C–5，尺寸为 1 500×2 120，距离楼面高度为 900，两边轴线处均为 600，根据单元 4 建筑立面图窗的绘制方法进行绘制，完成后如图 5–16 所示。

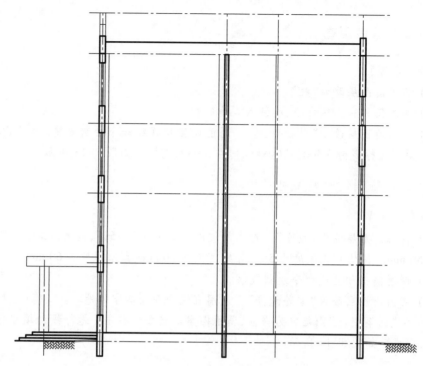

图 5-15　绘制建筑剖面图外墙窗

微课
绘制剖面图窗

注意:绘制的辅助线要及时删除,否则容易造成错误和混乱。

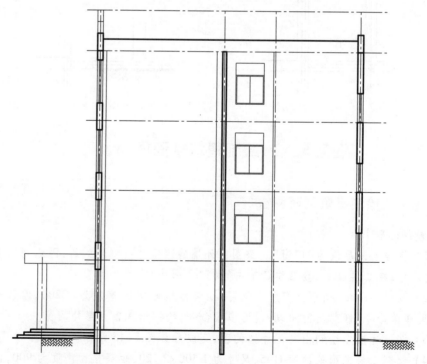

图 5-16　绘制建筑剖面图窗

5.4.2　绘制建筑剖面图门

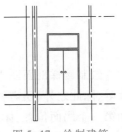

【操作步骤】

（1）该图中只有一层走廊处需要绘制门。如果剖切到门，则绘制方法同上述绘制窗（剖切窗）的方法。

（2）门尺寸为 1 500×2 820，距离两边轴线处均为 600，根据单元 4 建筑立面图门的绘制方法进行绘制，完成后如图 5-17 所示。

图 5-17　绘制建筑剖面图门

任务 5.5　绘制楼地面、屋面、梁

【操作步骤】

（1）将当前图层改为"楼地面"。标高线已经绘制完成，楼板厚度设置为 120 mm，二层梁高度为 480 mm，宽度参见 2-2 剖面图尺寸标注，绘制完成后进行修剪，结果如图 5-18 所示。

（2）按上述操作绘制二层以上楼地面、屋面、梁，完成后如图 5-19 所示。

图 5-18　二层楼地面和梁

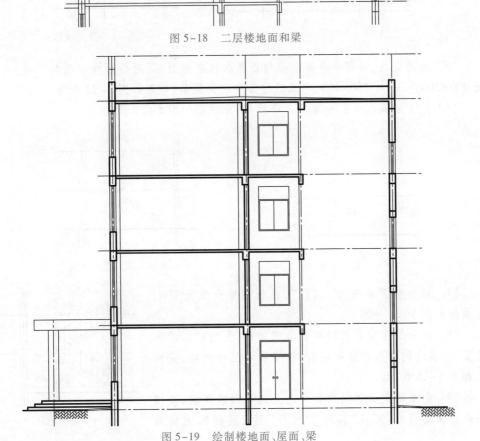

图 5-19　绘制楼地面、屋面、梁

任务 5.6 绘制楼梯

绘制楼梯剖面图需要知道楼梯的踏步宽、踢面高、休息平台宽、栏杆高、楼梯板厚度等,除此之外,还需要知道楼梯在图中所处的位置,因此需要先绘制楼梯的定位线,如第一个踢面位置、休息平台高度等。

微课
绘制楼梯

【操作步骤】

(1) 将当前图层改为"楼梯"。

(2) 绘制楼梯间定位线。休息平台高度为 1 800,第一个踢面位置距离ⓒ轴 100,最后一个踢面位置距离ⓓ轴 1 540,绘制完成后如图 5-20 所示。

(3) 调用直线(L)命令绘制踏步和踢面。踏步宽 260,踢面高 150。

(4) 选中上述绘制的踏步和踢面,利用复制命令连续复制 11 次,刚好与休息平台平齐即可,如图 5-21 所示。

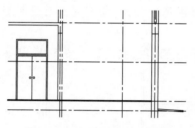

图 5-20 绘制楼梯间定位线

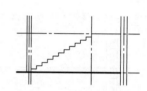

图 5-21 绘制楼梯踏步和踢面

(5) 调用直线、偏移命令绘制楼梯板厚和休息平台;调用矩形命令绘制梯梁,一个是 300×300,一个是 250×400,完成后修剪多余的线条,结果如图 5-22 所示。

(6) 按上述操作绘制一层另一半楼梯,完成后如图 5-23 所示。

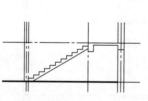

图 5-22 绘制梯梁、休息平台

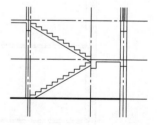

图 5-23 绘制一层楼梯

(7) 将当前图层改为"栏杆",栏杆高度设置为 900,完成后如图 5-24 所示。

(8) 将一层楼梯和楼梯栏杆全部旋转,复制到二层和三层,将多余的线条删除和修剪,将楼梯定位线删除,完成后如图 5-25 所示。

(9) 图案填充。将剖面图中凡是剖切到的楼板、楼梯等进行图案填充(可将"轴线""栏杆"图层关闭),完成后

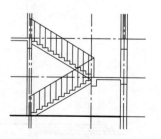

图 5-24 绘制楼梯栏杆

如图 5-26 所示。

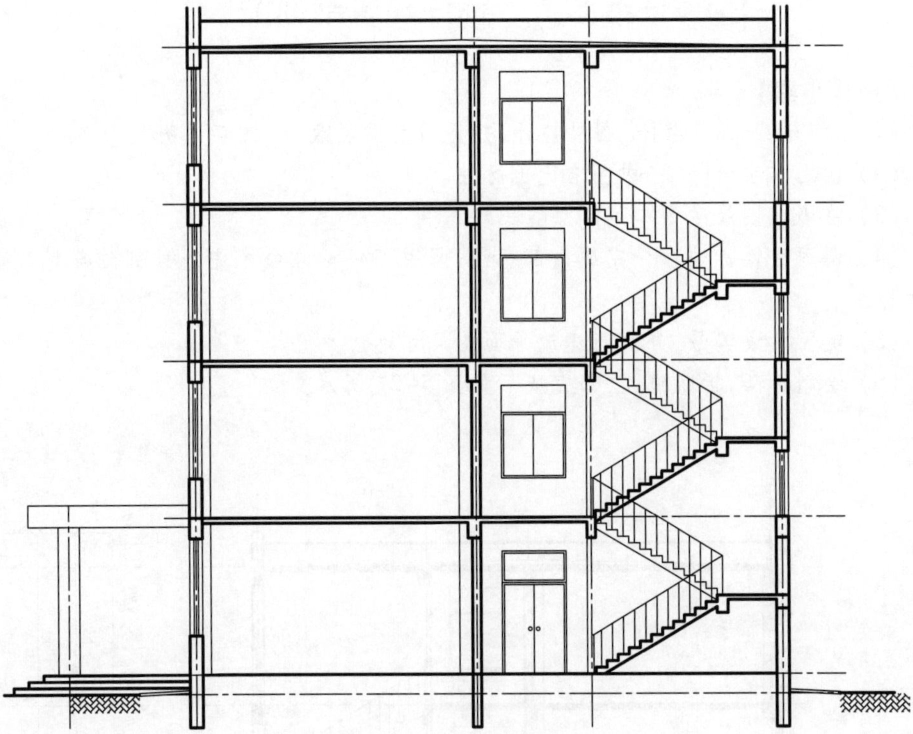

图 5-25　绘制楼梯

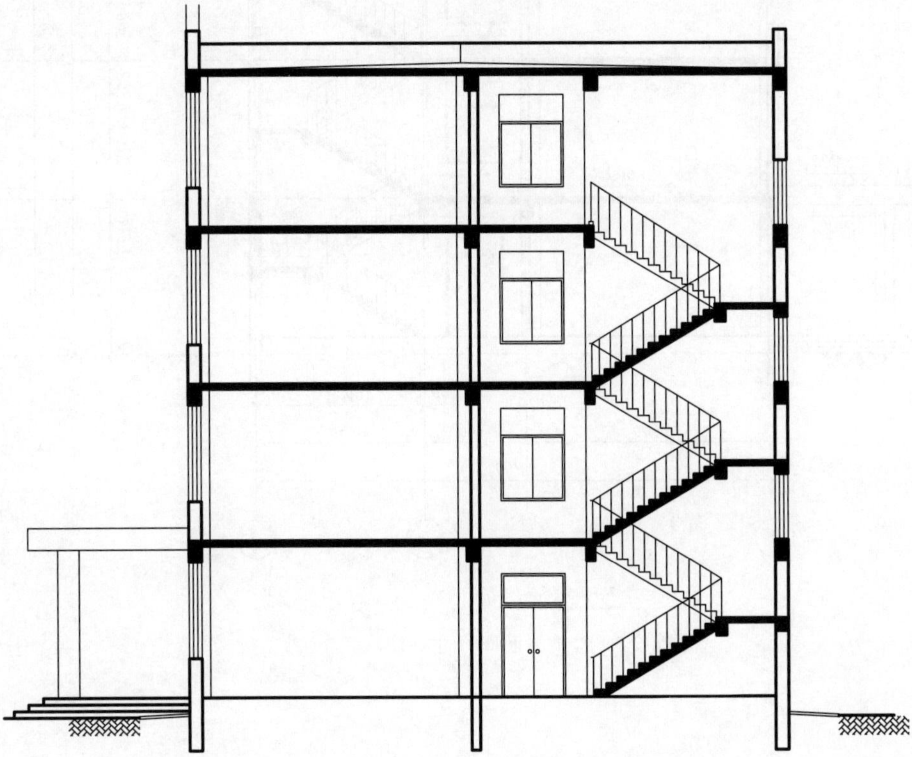

图 5-26　图案填充

任务 5.7　标注建筑剖面图

【操作步骤】

（1）将"轴线"和"栏杆"图层打开，并将当前图层改为"文字说明"。

（2）调用文字命令，完成图名比例标注。

（3）将当前图层改为"标注"。

（4）调用线性标注命令完成内部标注；调用基线标注命令完成外部细部标注和总尺寸标注。

（5）定位轴线编号，方法同建筑平面图尺寸标注。

（6）绘制标高、折断线，全部完成后如图 5-27 所示。

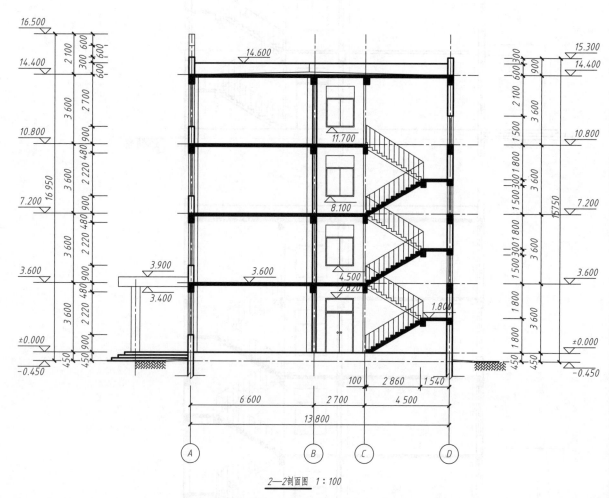

2—2剖面图　1∶100

图 5-27　建筑剖面图尺寸标注

单元6

建筑详图的绘制

学习内容

能够熟练运用 Auto CAD 的绘图技巧绘制楼梯详图,体会如何在同一张图纸中绘制不同比例的图形。

基本要求

通过本单元的学习,了解建筑详图的绘制步骤,熟练掌握楼梯详图的绘制和绘图技巧。以绘制楼梯详图为例,通过块的操作,学习怎样利用已有图形,方便、快捷地生成新图,为绘制楼梯详图提供一种捷径,充分体现 AutoCAD 的优越性。

建筑详图是建筑细部的施工图,是建筑平面图、立面图、剖面图的补充。建筑详图包括:

① 表示局部构造的详图,如外墙身详图、楼梯详图、阳台详图等。

② 表示房屋设备的详图,如卫生间、厨房、实验室内设备的位置及构造等。

③ 表示房屋特殊装修部位的详图,如吊顶、花饰等。

本单元主要以楼梯详图为例介绍建筑详图的绘制。

任务6.1　绘制楼梯平面图

楼梯平面图有 3 个(底层平面图、标准层平面图及顶层平面图),三者之间有许多部分都相同。因此本书只选其中的"标准层平面图"作为学习对象,其余两个平面图通过复制,再局部修改完成。在单元 3 中绘制建筑平面图时,曾经绘制过楼梯间,现在可以把建筑平面图中的楼梯间部分剪切下来,直接调用即可。

下面以图 6-1 为例介绍楼梯平面图的绘制。

【操作步骤】

（1）打开标准层平面图，调用矩形（REC）命令，框选楼梯平面图部分，如图 6-2 所示。

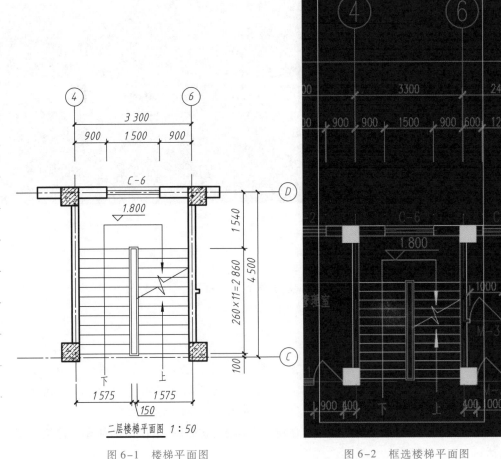

图 6-1　楼梯平面图

图 6-2　框选楼梯平面图

二层楼梯平面图 1∶50

微课

绘制楼梯平面图

（2）复制框选的楼梯平面图，移到标准层平面图外部。通过删除和修剪命令，将不需要和多余的部分修剪掉，完成后如图 6-3 所示。

（3）经过上述操作，楼梯平面图的形状已经形成。楼梯平面图的比例是 1∶50，所以接下来需要在尺寸上做一些调整。

① 执行缩放（SC）命令，将图上的"标高符号""文字标注""定位轴线编号"都缩小到原来的 1/2。

② 执行删除（E）命令，删掉线框，并在各墙体断开处绘制折断符号。

③ 打开"标注样式"对话框，在"建筑标注"的基础上新建"详图尺寸标注"，将全局比例因子修改为 50，完成后如图 6-4 所示。

④ 标注尺寸、图名比例及轴线编号，结果如图 6-5 所示。

⑤ 删除柱填充图案，重新填充图例为钢筋混凝土，结果如图 6-6 所示。

（4）首层及屋顶层楼梯平面图参照上述方法进行绘制。

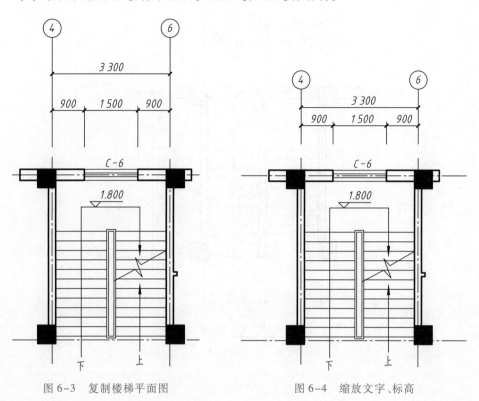

图 6-3 复制楼梯平面图   图 6-4 缩放文字、标高

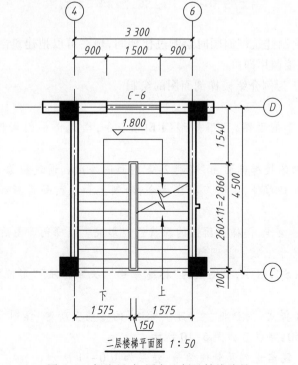

二层楼梯平面图 1:50

图 6-5 标注尺寸、图名比例及轴线编号

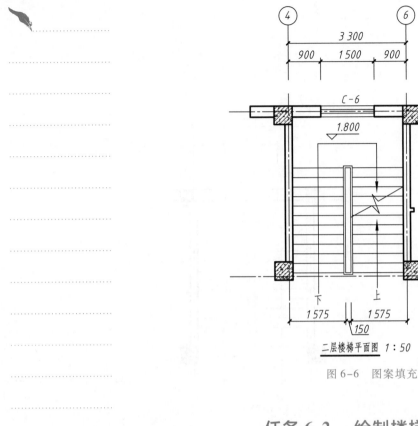

二层楼梯平面图　1:50

图 6-6　图案填充

任务 6.2　绘制楼梯剖面图

在单元 5 中绘制建筑剖面图时绘制过楼梯间,现在可以把建筑剖面图中的楼梯间部分剪切下来,直接调用即可。

下面以图 6-7 为例介绍楼梯剖面图的绘制。

【操作步骤】

(1) 打开 2-2 剖面图,调用矩形(REC)命令,框选楼梯剖面图部分,如图 6-8 所示。

(2) 复制框选的楼梯剖面图,移到 2-2 剖面图外部。通过删除和修剪命令,将不需要和多余的部分修剪掉,调用多段线命令,绘制上和左两处折断线,删除线框,完成后如图 6-9 所示。

(3) 经过上述操作,楼梯剖面图的形状已经形成。楼梯剖面图的比例是 1:50,所以接下来需要在尺寸上做一些调整。

① 执行缩放(SC)命令,将图上的"标高符号""文字标注""定位轴线编号"都缩小到原来的 1/2。

② 打开"标注样式"对话框,在"建筑标注"的基础上新建"详图尺寸标注",将全局比例因子修改为 50,完成后如图 6-10 所示。

③ 标注尺寸、图名比例及轴线编号,结果如图 6-11 所示。

④ 删除楼板、楼梯填充图案,重新填充图例为钢筋混凝土,结果如图 6-12 所示。

 微课

绘制楼梯剖面图

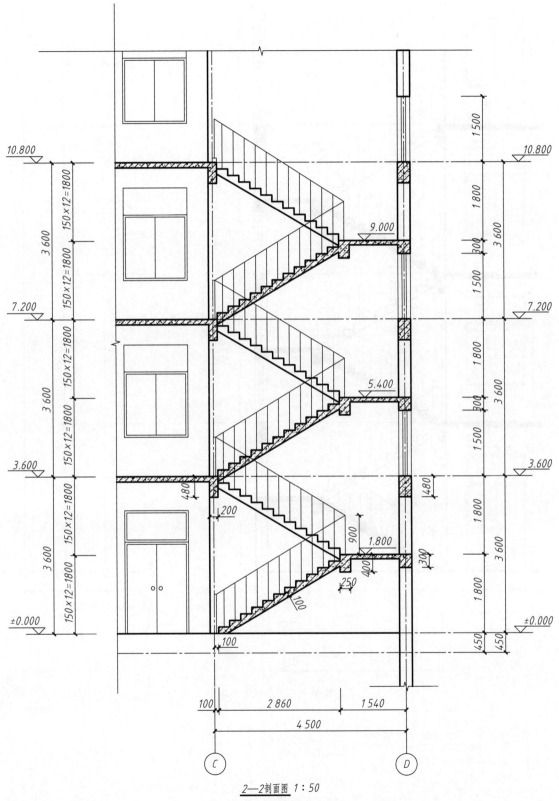

2—2剖面图 1：50

图 6-7　楼梯剖面图

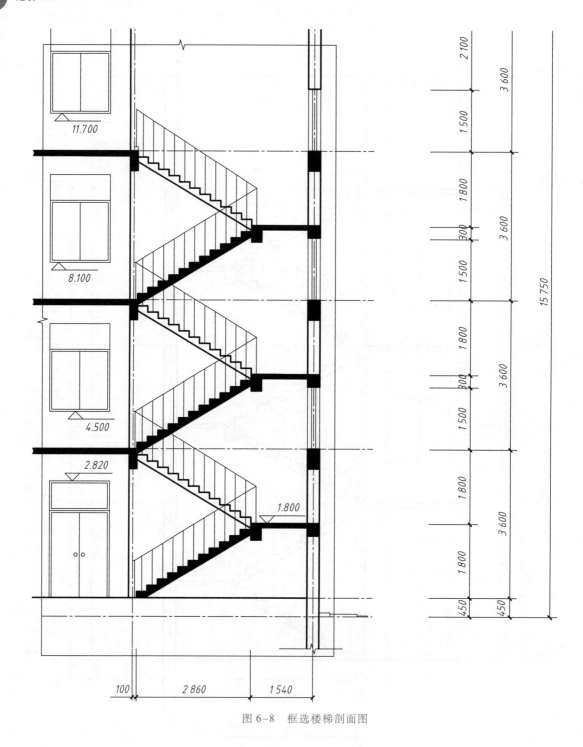

图 6-8　框选楼梯剖面图

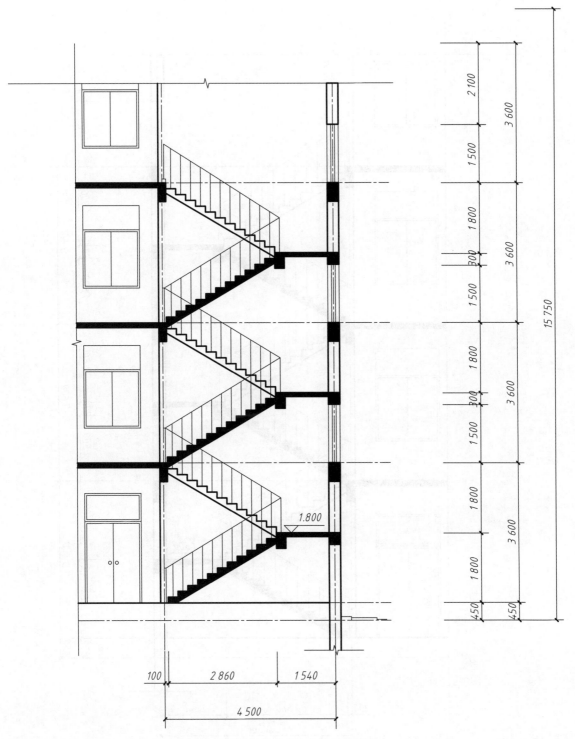

图 6-9　复制和修剪框选的楼梯剖面图

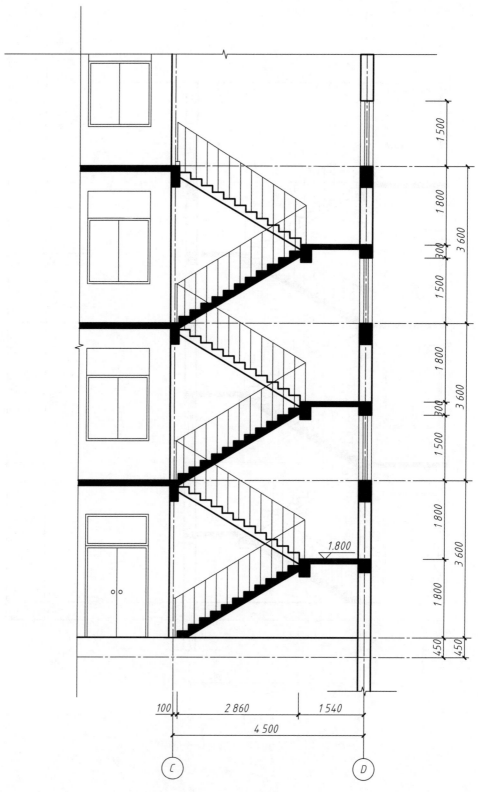

图 6-10　尺寸调整

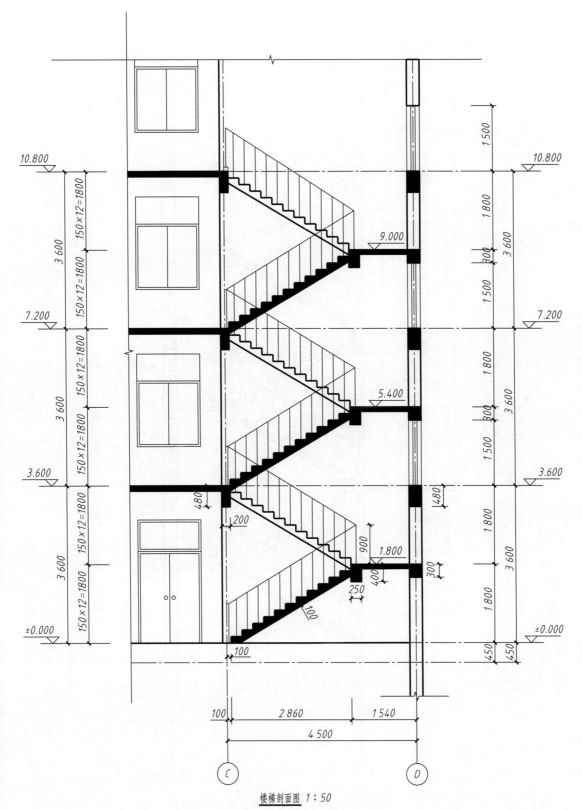

楼梯剖面图 1:50

图 6-11　标注尺寸、图名比例及轴线编号

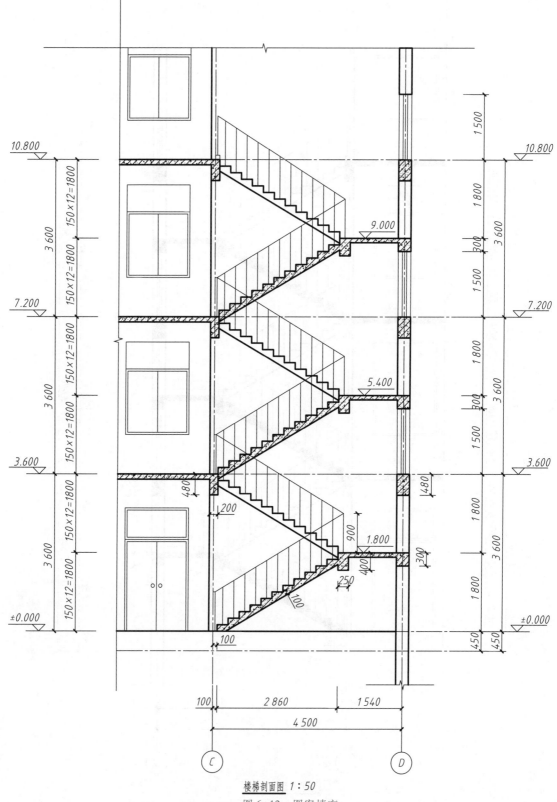

楼梯剖面图 1:50

图 6-12　图案填充

（4）经过上述操作，楼梯剖面图已经形成。那么，如何将不同比例的图纸放在同一个图框中呢？下面以楼梯剖面图放在 2-2 剖面图中为例进行介绍。

① 全选上述绘制的楼梯剖面图，调用新建块命令，将楼梯剖面图新建为块，如图 6-13 所示。

图 6-13 新建"楼梯剖面图"块

② 选中楼梯剖面图，将楼梯剖面图放大到原来的 2 倍，然后放到 2-2 剖面图的图框中，结果如图 6-14 所示。

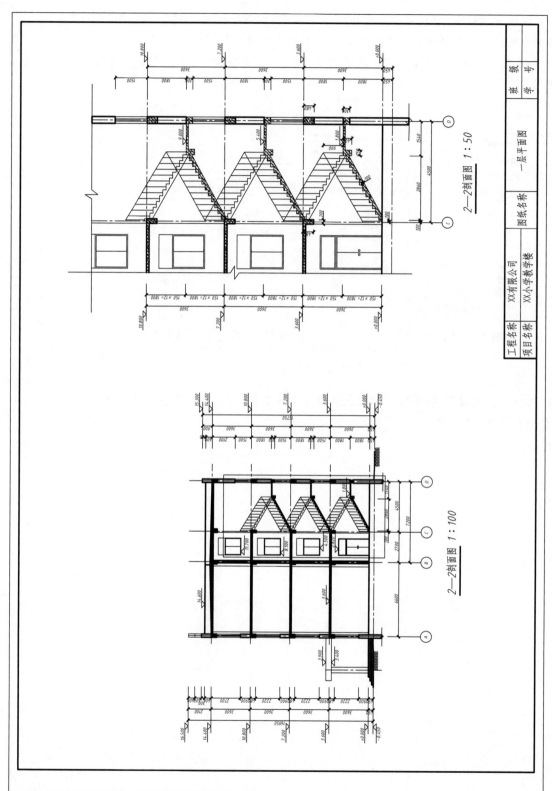

图 6-14　将不同比例的图纸放在同一个图框中

单元 7

AutoCAD 的设计中心与图形输出

学习内容

本单元的任务是分类学习 AutoCAD 设计中心的应用与图形的打印输出,包括在模型空间和布局空间中的图形输出、施工图的打印设置。

基本要求

通过学习和实训,熟练掌握施工图的打印设置,以及在模型空间和布局空间中的图形输出。

任务 7.1 设计中心

AutoCAD 设计中心为用户提供了一种直观、有效的操作界面。用户通过它可以很容易地查找和组织本地计算机或网络上存储的图形文件。它的主要功能有以下几种:

(1) 浏览存储在计算机或网络中的图形文件。

(2) 预览某个图形文件中的块、图层、文本样本等,并可以将这些定义插入、添加或复制到当前图形文件中使用。

(3) 快速查找存储在计算机或网络中的图样、图块、文字样式、标注样式、图层等,并把这些图形加载到设计中心或当前图形文件中。

微课
设计中心的应用

7.1.1 打开 AutoCAD 设计中心

(1) 命令行:ADCENTER(快捷命令为 ADC)。

(2) 菜单栏:"工具"→"选项板"→"设计中心"命令。

（3）工具栏：单击"标准"工具栏中的"设计中心"按钮 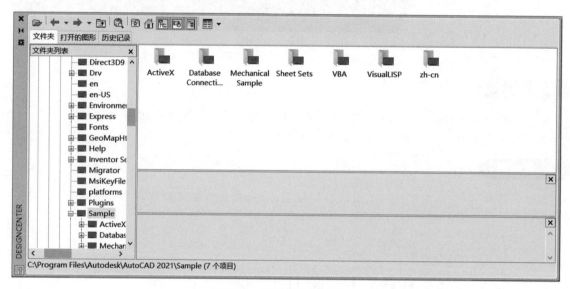。

（4）功能区：单击"视图"选项卡"选项板"面板中的"设计中心"按钮。

（5）快捷键：<Ctrl+2>。

【操作步骤】

采用上述任意一种方法启动"设计中心"命令后，系统将弹出图 7-1 所示的"设计中心"选项板，其中包含"文件夹""打开的图形"和"历史记录"3 个选项卡。

（1）文件夹：显示计算机或网络驱动器（包括"我的电脑"和"网上邻居"）中文件和文件夹的层次结构。

（2）打开的图形：显示当前工作任务中打开的所有图形，包括最小化的图形。双击文件或者单击文件名前面的"+"图标，列出该文件所包含的块、图层、文字样式、标注样式等项目。

（3）历史记录：显示最近在设计中心打开的文件列表。显示历史记录后，在一个文件上单击鼠标右键显示此文件信息，或者从"历史记录"列表中删除此文件。

图 7-1　"设计中心"选项板

左侧方框为 AutoCAD 2021 设计中心的资源管理器；右侧方框为 AutoCAD 2021 设计中心的内容显示区，其中，上面窗口为文件显示框，中间窗口为图形预览显示框，下面窗口为说明文本显示框。

【相关说明】

可以采用鼠标拖动边框的方法来改变 AutoCAD 2021 设计中心资源管理器和内容显示区以及 AutoCAD 2021 绘图区的大小，但内容显示区的最小尺寸应至少能显示两列大图标。

如果要改变 AutoCAD 2021 设计中心的位置，可以用鼠标左键进行拖动，松开鼠标左键后，AutoCAD 2021 设计中心便处于当前位置，到新位置后，仍可用鼠标改变各窗口的大小；也可以通过设计中心边框左上方的"自动隐藏"按钮来自动隐藏设计中心。

7.1.2　浏览及使用图形

1. 打开图形文件

在"设计中心"选项板中,右击所需图形文件的图标,在弹出的快捷菜单中选择"在应用程序窗口中打开"命令,在窗口中打开文件,如图 7-2 所示。

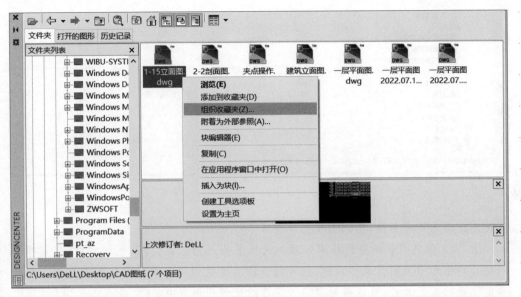

图 7-2　在窗口中打开文件

2. 插入图形文件中的块、图层等项目

【操作步骤】

(1) 找到需要的 AutoCAD 文件。"设计中心"右侧窗口中将列出文件的布局、块、图层、文字样式、标注样式等项目。

(2) 双击需要插入的项目,"设计中心"将列出此项目的内容。例如,双击"标注样式"项目,则列出图形文件中的所有标注样式,如图 7-3 所示。

(3) 对于需要插入的文字样式、标注样式等项目,双击即可载入或者插入到该图形文件中。

【知识拓展】

利用设计中心插入图块。

在利用 AutoCAD 2021 绘制图形时,可以将图块插入图形中。将一个图块插入图形中时,块定义就被系统复制到图形数据库中。在各图块被插入图形之后,如果原来的图块被修改,则插入图形中的图块也随之改变。

当其他命令正在执行时,不能插入图块到图形中。例如,如果在插入块时,在提示行正在执行一个命令,此时光标变成一个带斜线的圆,提示操作无效。另外,一次只能插入一个图块。

AutoCAD 2021 设计中心提供了以下两种插入图块的方式:

(1) 利用鼠标指定比例和旋转方式插入图块。系统根据光标拉出的线段长度、角

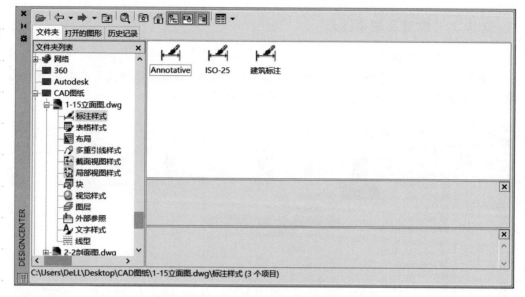

图 7-3 "设计中心"列出所有标注样式

度确定比例与旋转角度,插入图块的步骤如下:

① 从文件夹列表或查找结果列表中选择要插入的图块,按住鼠标左键,将其拖动到打开的图形中。松开鼠标左键,此时选择的对象被插入当前打开的图形当中。利用当前设置的捕捉方式,可以将对象插入存在的任何图形当中。

② 在绘图区单击鼠标左键,指定一点作为插入点,移动鼠标,光标位置点与插入点之间的距离为缩放比例,单击确定比例。采用同样的方法移动鼠标,以光标指定位置和插入点的连线与水平线的夹角为旋转角度,被选择的对象就会根据光标指定的比例和角度插入图形当中。

(2) 精确指定坐标、比例和旋转角度方式插入图块。利用该方法可以设置插入图块的参数,插入图块的步骤如下:从文件夹列表或查找结果列表中选择要插入的对象,单击鼠标右键,在弹出的快捷菜单中选择"插入块"命令,打开"插入"对话框,从中可以设置比例、旋转角度等,单击"确定"按钮,所选对象就会根据指定的参数插入图形中。

任务 7.2   工具选项板

工具选项板中的选项卡提供了组织、共享和放置块及填充图案的有效方法。

7.2.1   打开工具选项板

可在工具选项板中整理块、图案填充和自定义工具。

【命令执行方式】

(1) 命令行:TOOLPALETTES(快捷命令为 TP)。

(2) 菜单栏:"工具"→"选项板"→"工具选项板"命令。

（3）工具栏：单击"标准"工具栏中的"工具选项板"按钮 。

（4）功能区：单击"视图"选项卡"选项板"面板中的"工具选项板"按钮 。

（5）快捷键：<Ctrl+3>。

【操作步骤】

执行上述操作后，系统将打开工具选项板，如图 7-4 所示。

在工具选项板中，系统设置了一些常用图形选项卡，方便用户绘图使用。

7.2.2　新建工具选项板

可创建新的工具选项板，满足个性化绘图要求。

【命令执行方式】

（1）命令行：CUSTOMIZE。

（2）菜单栏："工具"→"自定义"→"工具选项板"命令。

（3）快捷菜单：在快捷菜单中选择"自定义"命令。

【操作步骤】

（1）选择菜单栏中的"工具"→"自定义"→"工具选项板"命令，打开"自定义"对话框，如图 7-5 所示。在"选项板"列表框中单击鼠标右键，在弹出的快捷菜单中选择"新建选项板"命令。

图 7-4　工具选项板

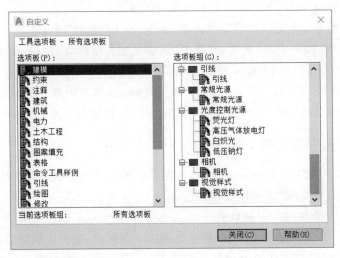

图 7-5　"自定义"对话框

（2）在"选项板"列表框中出现一个"新建选项板"，可以为其命名，确定后，工具选项板中就增加了一个新的选项卡，如图 7-6 所示。

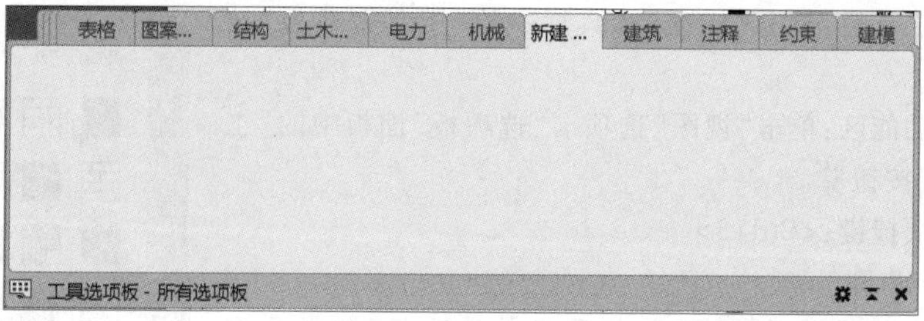

图 7-6　新建选项卡

任务 7.3　图形的打印和输出

当图形绘制完毕,最后一个环节就是出图,正确的出图需要正确的设置,本任务主要介绍施工图的打印设置与打印输出。

7.3.1　打印设备的设置

常见的打印设备有打印机和绘图仪。在输出图样时,首先需添加和配置要使用的打印设备。

【命令执行方式】

(1) 命令行:PLOTTERMANAGER。

(2) 菜单栏:"文件"→"绘图仪管理器"命令。

(3) 功能区:单击"输出"选项卡"打印"面板中的"绘图仪管理器"按钮 ▦。

【操作步骤】

执行以上任何一个命令,弹出图 7-7 所示的窗口。

(1) 选择菜单栏中的"工具"→"选项"命令,打开"选项"对话框。

(2) 选择"打印和发布"选项卡,单击"添加或配置绘图仪"按钮,如图 7-8 所示。

(3) 此时,系统打开 Plotters 窗口,如图 7-7 所示。

(4) 要添加新的绘图仪或打印机,可双击 Plotters 窗口中的"添加绘图仪向导"选项,打开"添加绘图仪-简介"对话框,如图 7-9 所示,按照向导进行完善。

7.3.2　模型空间和布局空间

在 AutoCAD 2021 中新建一个文件,会在界面的左下方出现一个"模型"选项卡和两个"布局"选项卡 模型　布局1　布局2　+ 。

1. 模型空间和布局空间的意义

(1) 模型空间。它是 AutoCAD 图形处理的主要环境,能创建和编辑二维或三维的图形。在这个空间里,即使绘制的是二维图形,也是处在空间位置的。模型空间可以想象为无限大,因为屏幕单位自己设定,即 1 个屏幕单位可以代表 1 cm,也可以代表 1 000 m。通常在利用 AutoCAD 绘制建筑图时,除了总平面图,其他施工图一般用 1 屏幕单位代表 1 mm。

(2) 布局空间。它是 AutoCAD 图形处理的辅助环境,能创建和编辑二维的对象。

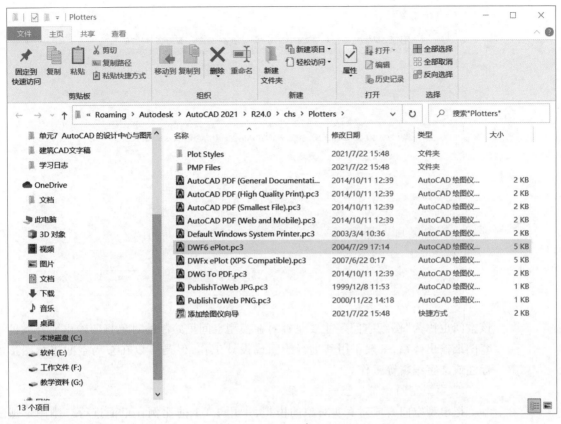

图 7-7　Plotters 窗口

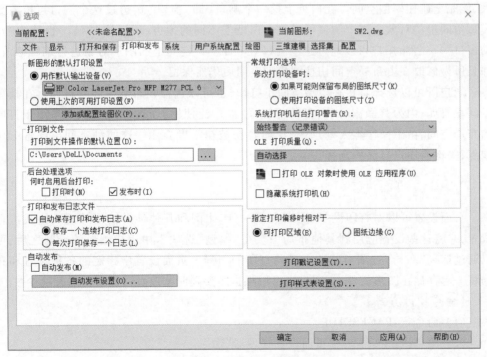

图 7-8　"打印和发布"选项卡

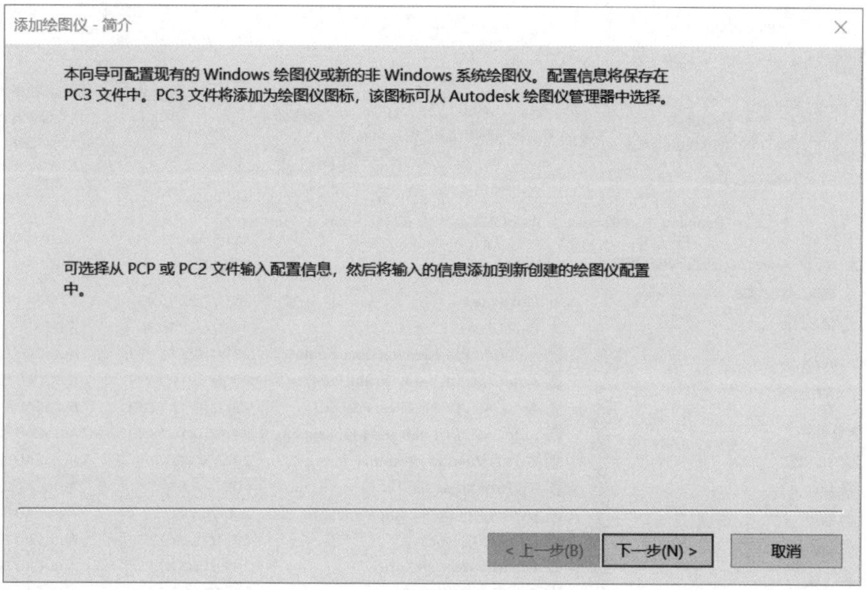

图 7-9   "添加绘图仪-简介"对话框

该空间也称为"图纸空间",主要是针对在模型空间里绘制的对象打印输出而开发的一套图纸输出体系,一般不用其进行绘图或设计工作,但是可以在布局空间进行图形的标注或文字编辑等工作。

2. 模型空间和布局空间的关系

把模型空间看成对真实对象的模拟,采用 1∶1 的比例在里面进行二维图形或三维模型设计。在模型空间上方放置一张白纸(即"布局空间"),这张白纸假设为无限大,能完全遮住模型空间。在白纸上挖一个洞口(即"窗口"),透过这个洞口可以看到模型空间里的对象。这个洞口可以挖在白纸上不同的地方,所以该"窗口"也称为"浮动窗口"。当然,用户可以通过这个洞口对下面模型空间上的图形对象进行编辑修改,并且所做修改在由布局空间切换到模型空间后仍然保留。

用户既可以选择直接在模型空间里打印,也可以选择在布局空间里打印。在模型空间里打印,因为其操作简单、容易理解,故被广泛使用;而被专门设计出来用于打印的布局空间,由于操作不太好理解,反而容易被初学者弃用。这两种空间出图各有优缺点,关键看用户自己的选择。

7.3.3   页面设置

页面设置可以对打印设备、图纸大小、打印比例和其他涉及输出外观及格式进行设置,并将这些设置应用到其他布局中。在"模型"选项卡中完成图形的绘制之后,可以通过选择"布局"选项卡开始创建要打印的布局。页面设置中指定的各种设置和布局将一起存储在图形文件中,用户也可以根据需要随时修改页面设置中的各项参数。

【命令执行方式】

(1)命令行:PAGESETUP。

(2)菜单栏:"文件"→"页面设置管理器"命令。

(3)功能区:单击"输出"选项卡"打印"面板中的"页面设置管理器"按钮 。

（4）快捷菜单：在模型空间或布局空间中右击"模型"选项卡或"布局"选项卡，在
弹出的快捷菜单中选择"页面设置管理器"命令。

【操作步骤】

执行以上任何一个命令，打开"页面设置管理器"对话框，如图 7-10 所示。

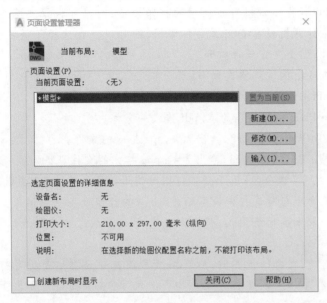

图 7-10　"页面设置管理器"对话框

在该对话框中可以完成新建、修改、输入和将某一设置置为当前的操作。在"页面设
置管理器"对话框中，单击"修改"按钮，打开"页面设置-模型"对话框，如图 7-11 所示。

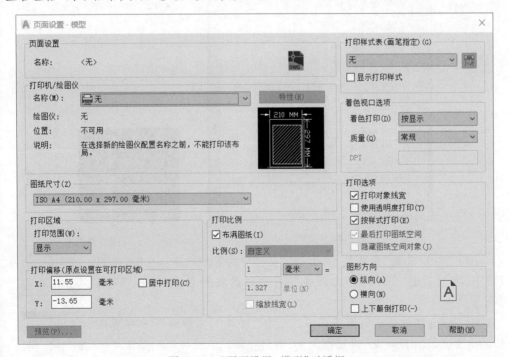

图 7-11　"页面设置-模型"对话框

在"页面设置-模型"对话框中,有"打印机/绘图仪""图纸尺寸"等参数,下面进行具体介绍。

【选项说明】

(1)"打印机/绘图仪"选项组:用于指定打印时使用已配置的打印设置。在"名称"下拉列表框中列出了本机可供使用的打印设备,用户可根据实际情况选择相应的打印设备。如果计算机没有安装真实打印机,则可以通过选择不同的打印设备,输出不同格式的文件,供第三方软件打开。

不同打印机输出的文件格式如下(部分):

① DWF6 ePlot. pc3,输出为 *. dwf 格式的文件。

② DWG To PDF. pc3,输出为 *. pdf 格式的文件。

③ Publish To Web JPG. pc3,输出为 *. jpg 格式的文件。

④ Publish To PNG JPG. pc3,输出为 *. png 格式的文件。

(2)"图纸尺寸"选项组:用于指定打印时使用的图纸大小。"图纸尺寸"下拉列表框中显示的图纸大小与所选打印设备相关,不同的打印设备有不同尺寸大小的标准图纸可供选用。如果未选择绘图仪,将显示全部标准图纸尺寸的列表以供用户选择,如图 7-12 所示。

需要注意的是,在打印出图时,所选图纸可能有部分页边是不可打印的。图纸的实际可打印区域(取决于所选打印设备和图纸尺寸)在页面设置面板上的图纸尺寸预览里有显示,如图 7-13 所示。

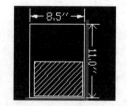

图 7-12　图纸尺寸　　　　　　　　图 7-13　可打印区域预览

(3)"打印区域"选项组:用于指定要打印的图形部分。在"打印范围"下,可以通过不同的方式来确定要打印的图形区域,如图 7-14 所示。

① 窗口:打印指定的图形部分。选择"窗口",按钮将变为可用按钮。单击它,"页面设置"对话框消失,回到空间。通过指定矩形选框的两个对角点,拖出一个矩形框,把需要打印的对象都框在该矩形框中。

图 7-14　打印区域

选好矩形框的两个对角点后,即回到"页面设置"对话框,打印对象就被局限在所指定的矩形框里。

② 范围:当前空间内的所有几何图形都将被打印。打印之前,可能会重新生成图形以重新计算范围。

③ 图形界限(模型空间显示此名称)/布局(布局空间显示此名称)。

a."图形界限"仅在模型空间里进行页面设置时采用。使用该选项将打印栅格界限定义的整个图形区域。如果当前窗口不显示平面视图,该选项与"范围"选项效果相同。

b."布局"是在布局空间里进行页面设置所特有的。使用该选项将打印指定图纸尺寸的可打印区域内的所有内容,其原点从布局中的"0,0"点计算得出。

④ 显示:打印选定的"模型"选项卡当前窗口中的视图或布局中的当前图纸空间视图。

(4)"打印偏移"选项组:用于指定打印区域相对于可打印区域左下角或图纸边界的偏移。通过在"X:"和"Y:"框中输入正值或负值,可以偏移图纸上的几何图形,如图 7-15 所示。

① 居中打印:在图纸上居中打印。当"打印区域"设置为"布局"时,此选项不可用。

② X:相对于 X 方向上打印原点的偏移值。

③ Y:相对于 Y 方向上打印原点的偏移值。

注意:图纸的可打印区域由所选输出设备决定,在预览中以虚线表示。修改为其他输出设备时,可能会修改可打印区域。

(5)"打印比例"选项组:用户可以通过设置"打印比例"来控制图形单位与打印单位之间的相对尺寸,如图 7-16 所示。从"模型"选项卡打印时,默认设置为"布满图纸";在布局空间打印时,默认缩放比例设置为 1:1。

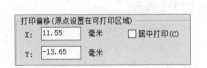

图 7-15　打印偏移

图 7-16　打印比例

① 布满图纸:缩放打印图形以布满所选图纸尺寸,并在"比例""毫米(英寸)="和"单位"框中显示自定义的缩放比例因子。

② 比例:定义精确的打印比例,可以通过输入与图形单位数等价的英寸(或毫米)数来创建自定义比例。

在"打印"对话框中指定要显示的单位是英寸还是毫米。默认设置为根据图纸尺寸,并会在每次选择新的图纸尺寸时更改。"像素"仅在选择了光栅输出时才可用。

③ 单位:设置与指定的英寸数、毫米数或像素数等价的图形单位数。

④ 缩放线宽:与打印比例成正比缩放线宽。线宽通常指定打印对象的线的宽度,并按线宽尺寸打印,而不考虑打印比例。

(6)"打印样式表"选项组:通过确定打印特性(如线宽、颜色和填充样式)来控制对象或布局的打印方式。可以用其来设定打印图形的外观,这些外观包括对象的颜色、线型和线宽等,也可指定对象的端点、连接和填充样式,以及抖动、灰度、笔指定和淡显等输出效果。

打印样式有两种类型:颜色相关和命名。

① 颜色相关:指以对象的颜色为基础,共有 225 种颜色相关打印样式。在颜色相关打印样式模式下,通过调整与对象颜色对应的打印样式,可以控制所有具有同种颜色的对象的打印方式。例如,图形中所有被指定为红色的对象均以相同的方式打印。

② 命名:可以直接指定对象和图层的打印样式。使用这些打印样式表可以对图形中的每个对象指定任意一种打印样式,而不管对象的颜色是什么。

颜色相关打印样式表以".ctb"为文件扩展名保存,而命名打印样式表以".stb"为文件扩展名保存,均保存在 AutoCAD 系统主目录中的"piot styles"子文件夹中。

一个图形只能使用一种类型的打印样式表。用户可以在两种打印样式表之间转换,也可以在设置了图形的打印样式表类型之后,修改所设置的类型。

AutoCAD 2021 打印样式表中收集了多组打印样式。

③ 颜色相关打印样式表(图 7-17)。

a. acad. ctb:按对象的颜色进行打印。

b. DWF Virtual Pens. ctb:采用 DWF 虚拟笔的颜色打印。

c. Fill Patterns. ctb:设置前 9 种颜色使用前 9 个填充图案,所有其他颜色使用对象的填充图案。

d. Grayscale. ctb:打印时将所有颜色转换为灰度。

e. monochrome. ctb:将所有颜色打印为黑色。

f. Screening 100%. ctb:对所有颜色使用 100% 墨水。

g. Screening 75%. ctb:对所有颜色使用 75% 墨水。

h. Screening 50%. ctb:对所有颜色使用 50% 墨水。

i. Screening 25%. ctb:对所有颜色使用 25% 墨水。

④ 命名打印样式表。

a. acad. stb:按对象的颜色进行打印。

b. monochrome. ctb:将所有对象打印为黑色。

(7)"着色视口选项"选项组:指定着色和渲染窗口的打印方式,并确定它们的分辨率大小和每英寸(或毫米)点数(DPI),如图 7-18 所示。

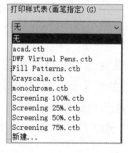

图 7-17　打印样式表

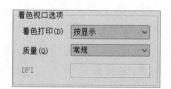

图 7-18　着色视口选项

DPI 是指定渲染和着色视图的每英寸点数,最大可为当前打印设备的最大分辨率。只有在"质量"框中选择了"自定义"后,此选项才可用。

① 着色打印:指定视图的打印方式,如图 7-19 所示。在"模型"选项卡上,可以从下列选项中选择:

a. 按显示:按对象在屏幕上的显示方式打印。

b. 线框:在线框中打印对象,不考虑其在屏幕上的显示方式。

c. 消隐:打印对象时消除隐藏线,不考虑其在屏幕上的显示方式。

d. 三维隐藏:打印对象时应用"三维隐藏"视觉样式,不考虑其在屏幕上的显示方式。

e. 三维线框:打印对象时应用"三维线框"视觉样式,不考虑其在屏幕上的显示方式。

f. 概念:打印对象时应用"概念"视觉样式,不考虑其在屏幕上的显示方式。

g. 真实:打印对象时应用"真实"视觉样式,不考虑其在屏幕上的显示方式。

h. 渲染:按渲染的方式打印对象,不考虑其在屏幕上的显示方式。

注意:要为"布局"选项卡上的窗口指定此设置,请选择该窗口,然后在"工具"菜单中单击"特性"。

② 质量:指定着色和渲染窗口的打印分辨率,可从下列选项中选择:

a. 草稿:将渲染模型和着色模型空间视图设置为线框打印。

b. 预览:将渲染模型和着色模型空间视图的打印分辨率设置为当前设备分辨率的 1/4,最大值为 150DPI。

c. 普通:将渲染模型和着色模型空间视图的打印分辨率设置为当前设备分辨率的 1/2,最大值为 300DPI。

d. 演示:将渲染模型和着色模型空间视图的打印分辨率设置为当前设备的分辨率,最大值为 600DPI。

e. 最大:将渲染模型和着色模型空间视图的打印分辨率设置为当前设备的分辨率,无最大值。

f. 自定义:将渲染模型和着色模型空间视图的打印分辨率设置为"DPI"框中指定的分辨率,最大可为当前设备的分辨率。

(8)"打印选项"选项组:指定线宽、打印样式、着色打印和对象的打印次序等选项,如图 7-20 所示。

图 7-19　着色打印下拉菜单

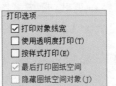

图 7-20　打印选项

① 打印对象线宽:指定是否打印指定给对象和图层的线宽。如果选定"按样式打印",则该选项不可用。

② 按样式打印:指定是否打印应用于对象和图层的打印样式。如果选择该选项,也将自动选择"打印对象线宽"。

③ 最后打印图纸空间:首先打印模型空间几何图形。

说明:通常先打印图纸空间几何图形,然后再打印模型空间几何图形。

④ 隐藏图纸空间对象:指定 HIDE 操作是否应用于图纸空间窗口中的对象。此选项仅在"布局"选项卡中可用。此设置的效果反映在打印预览中,而不反映在布局中。

(9)"图形方向"选项组:通过选择不同"图纸方向"以指定图形在图纸上的打印方向,如图 7-21 所示。

① 纵向:使图纸的短边位于图形页面的顶部。

② 横向:使图纸的长边位于图纸页面的顶部。

③ 上下颠倒打印:上下颠倒地放置并打印图形。

图 7-21　图形方向

(10)"预览"按钮:可以通过该按钮预览打印输出图形的结果。要退出打印预览并返回"打印"对话框,可按<Esc>键、<Enter>键或单击鼠标右键,然后选择快捷菜单中的"退出"命令。

页面设置完毕后,单击面板上的"确定"按钮。

7.3.4　在模型空间中输出图形

在模型空间中输出图形时,需要在打印时指定图纸尺寸,即在"打印"对话框中选择要使用的图纸尺寸。该对话框中列出的图纸尺寸取决于在"打印"或"页面设置"对话框中选定的打印机或绘图仪。

【命令执行方式】

(1) 命令行:PLOT。

(2) 菜单栏:"文件"→"打印"命令。

(3) 工具栏:单击"标准"工具栏中的"打印"按钮📄。

(4) 功能区:单击"输出"选项卡"打印"面板中的"打印"按钮📄。

【相关说明】

打印文件前,应保证在模型空间里的施工图按照以下要求绘制好:

(1) 按照 1:1 的比例绘制图形(不包括文字和标注)。

(2) 标注说明性文字时,文字高度按照输出图形时的比例反向放大相应倍数。

例如,图纸将以 1:100 的比例输出,则在标注说明性文字时,文字高度应放大 100 倍。在此情况下,10 号、7 号和 5 号字所对应的文字高度应分别设为 1 000、700 和 500。

(3) 绘制图幅图框时,应按出图时的比例放大相应倍数进行绘制。

例如,出图比例为 1:100,则图幅图框绘制时应放大 100 倍绘制。

7.3.5　在布局空间中输出图形

1. 布局空间里打印前的绘图注意事项

(1) 打印文件前,应保证在模型空间里的施工图按照 1:1 的比例绘制图形。

（2）说明性文字的标注和对象的尺寸标注可以在模型空间进行，也可以在布局空间进行。

（3）图幅图框可以在模型空间绘制，也可以在布局空间绘制。

若在模型空间绘制图幅图框，应按出图时的比例放大相应倍数进行绘制，例如，出图比例为 1：100，则图幅图框应放大 100 倍绘制；若在布局空间绘制图幅图框，应按照 1：1 的比例绘制。

（4）图形输出比例，通过将输出对象在布局空间上浮动窗口里的显示状态放大或缩小一定比例（和输出比例一致）来得到某种输出比例的图纸。

2. 新建布局

系统默认有两个布局，如果想增加新的布局，可采用以下方法：

（1）在布局上单击鼠标右键，在弹出的快捷菜单中选择"新建布局"命令。

（2）选择菜单栏中的"工具"→"布局"→"创建布局向导"命令。

① 采用以上命令打开"创建布局-开始"对话框，可根据需要在"输入新布局的名称"文本框中输入新布局名称，如图 7-22 所示，然后单击"下一步"按钮。

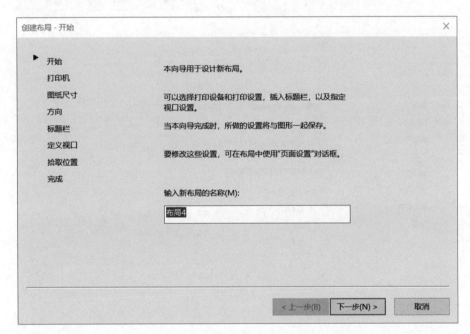

图 7-22　"创建布局-开始"对话框

② 进入"创建布局-打印机"对话框，为新布局选择配置的绘图仪，这里选择 DWG TO PDF. pc3，如图 7-23 所示，然后单击"下一步"按钮。

③ 进入"创建布局-图纸尺寸"对话框，在"图纸尺寸"下拉列表中选择"ISO A3（420.00×297.00 毫米）"，"图形单位"选择"毫米"，如图 7-24 所示，然后单击"下一步"按钮。

④ 进入"创建布局-方向"对话框，选择"横向"图纸方向，如图 7-25 所示，然后单击"下一步"按钮。

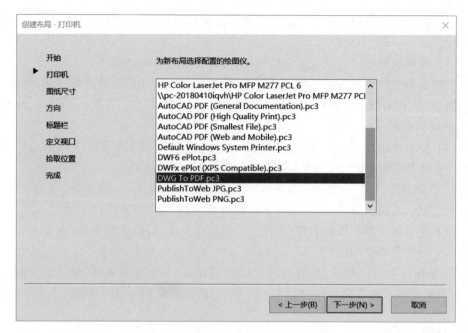

图 7-23   "创建布局-打印机"对话框

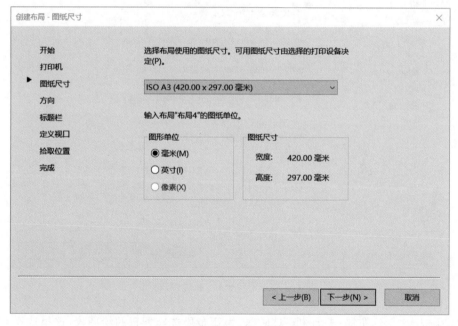

图 7-24   "创建布局-图纸尺寸"对话框

⑤ 进入"创建布局-标题栏"对话框,如果图框带有标题栏,这里可选择"无";如果没有标题栏,可选择下方的标题栏,如图 7-26 所示,然后单击"下一步"按钮。

⑥ 进入"创建布局-定义视口"对话框,视口设置为"单个",视口比例为"按图纸空间缩放",如图 7-27 所示,然后单击"下一步"按钮。

⑦ 进入"创建布局-拾取位置"对话框,如图 7-28 所示。单击"选择位置"按钮,在

布局空间中指定图纸的放置区域,然后单击"下一步"按钮。

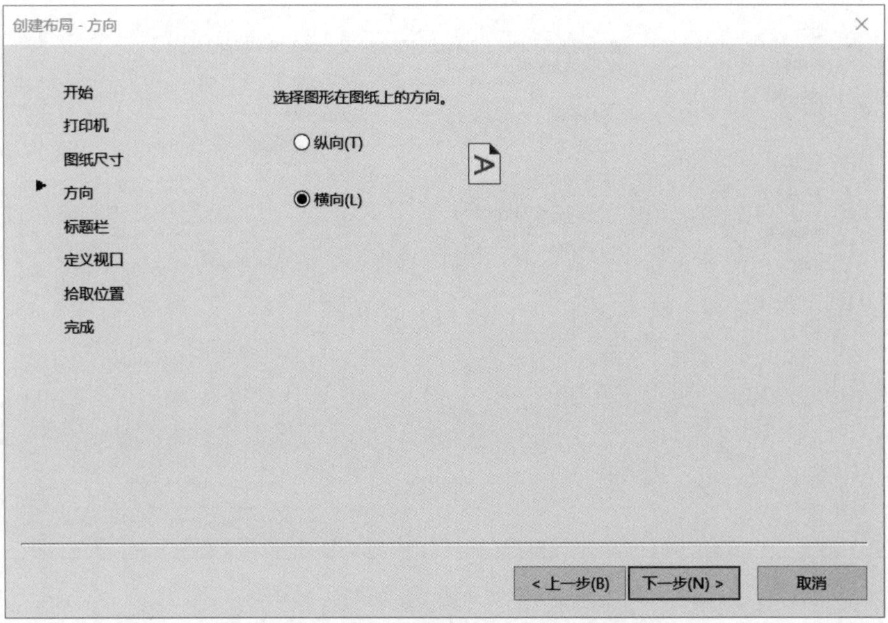

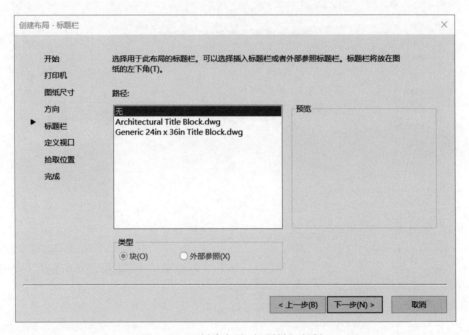

图 7-25   "创建布局-方向"对话框

图 7-26   "创建布局-标题栏"对话框

⑧ 进入"创建布局-完成"对话框,如图 7-29 所示。单击"完成"按钮,完成布局的创建。

说明:采用方法(1)创建的布局,还需要到"页面设置管理器"对话框中进行页面设置;而采用方法(2)创建布局的过程中已进行了页面设置。

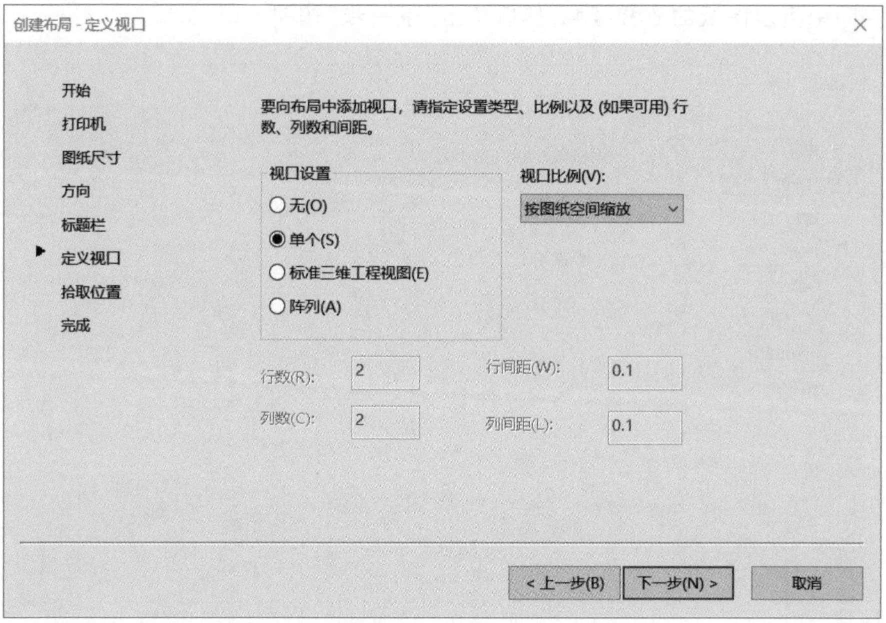

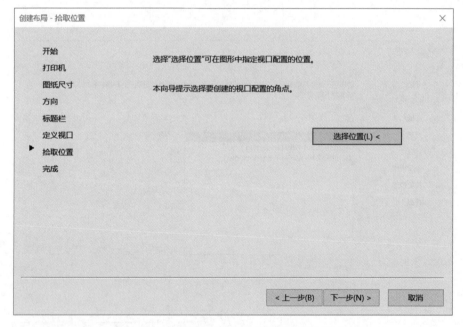

图 7-27 "创建布局-定义视口"对话框

图 7-28 "创建布局-拾取位置"对话框

3. 浮动窗口

模型空间里也有窗口,其窗口是固定不动的;而在布局空间里窗口可以移动,因此也称其为"浮动窗口"。

当用户首次由模型空间转到布局空间后,系统会自动生成一个浮动窗口,该窗口默认输出模型空间里的所有图形对象,用户可根据实际情况选择保留该窗口,或者删掉该窗口后自己新建一个或多个浮动窗口。

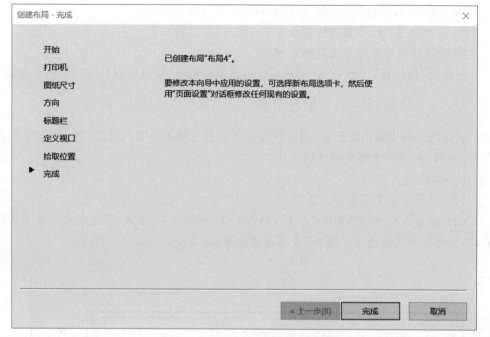

图 7-29　"创建布局-完成"对话框

（1）新建浮动窗口。

① 在命令提示行中输入快捷命令 MV，采用和绘制矩形一样的方法，在布局空间里新建一个矩形浮动窗口。

② 把一个特定的封闭图形转换为一个窗口。

例如，把一个矩形转换为窗口，其操作步骤如下：

a. 在布局空间绘制一个尺寸适当的矩形。

b. 在工具栏的空白处单击鼠标右键，在弹出的快捷菜单中选择"AutoCAD"→"视口"命令，如图 7-30 所示。

c. 单击"将对象转换为窗口"按钮，选择已绘制
的矩形，则矩形被转换为浮动窗口。

图 7-30　"视口"工具栏

（2）设置浮动窗口的边框为不可打印。如果用户不希望将浮动窗口的边框打印出来，可以专门针对浮动窗口新建一个图层，将该图层设为不可打印，然后在该图层上绘制浮动窗口。

（3）激活窗口。如果布局空间里的"浮动窗口"没有被激活，则在布局空间上绘制任何对象，只在布局空间上有效，而不会影响到模型空间上的任何对象。

若要在布局空间上修改模型空间里的对象，可以通过"激活窗口"，然后直接对窗口里的对象进行编辑，在激活窗口状态下，对窗口里的对象所做的修改，不但在当前布局上有效，而且切换到模型空间后仍被保留。

激活窗口的操作方法如下：

① 在命令提示行中输入快捷命令 MS。

② 在浮动窗口内部双击鼠标左键。

（4）跳出"激活窗口"状态，回到布局空间。其操作方法如下：

① 在命令提示行中输入快捷命令 PS，跳出"激活窗口"。

② 在浮动窗口外部双击鼠标左键。

在跳出"激活窗口"状态后，用户可以根据实际情况，对整个布局进行调整和编辑。

7.3.6　在图纸空间中输出图形

在图纸空间中输出图形时，根据打印的需要进行相关参数的设置，首先应在"页面设置-布局"对话框中指定图纸的尺寸。

【操作步骤】

（1）打开一层平面图图形文件。

（2）将视图空间切换到"布局 1"，如图 7-31 所示。在"布局 1"选项卡上单击鼠标右键，在弹出的快捷菜单中选择"页面设置管理器"命令，如图 7-32 所示。

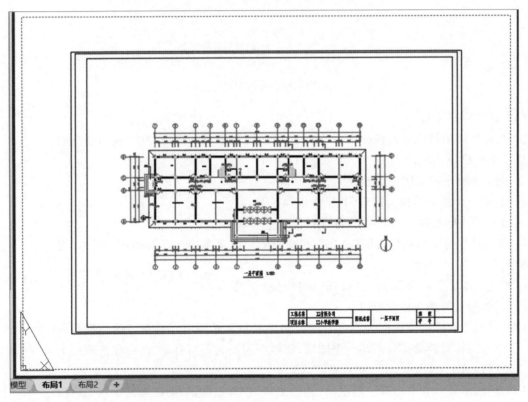

图 7-31　切换到"布局 1"

（3）打开"页面设置管理器"对话框，如图 7-33 所示。单击"修改"按钮，打开"页面设置-布局 1"对话框，如图 7-34 所示，根据打印的需要进行相关参数的设置。

（4）设置完成后，单击"确定"按钮，返回到"页面设置管理器"对话框，如图 7-35 所示。单击"关闭"按钮，完成布局 1 的创建。

（5）单击"输出"选项卡"打印"面板中的"打印"按钮，打开"打印-布局 1"对话框，如图 7-36 所示，不需要重新设置，单击左下方的"预览"按钮，打印预览效果如

图 7-37 所示。

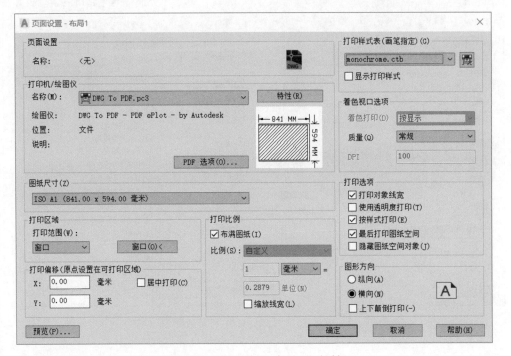

图 7-32 快捷菜单   图 7-33 "页面设置管理器"对话框

图 7-34 "页面设置-布局 1"对话框

（6）如果对效果满意,则在预览窗口中单击鼠标右键,在弹出的快捷菜单中选择
"打印"命令,完成图形的打印;也可以按<Esc>键,点击"打印-布局 1"对话框中的"确
定"按钮,选择保存的位置,完成图形的打印。

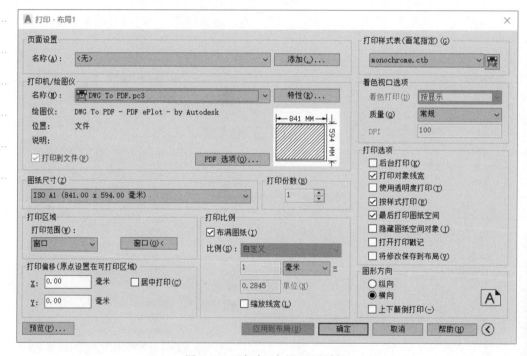

图 7-35   设置完成的"页面设置管理器"对话框

图 7-36   "打印-布局 1"对话框

微课
布局空间多比例
布图

7.3.7   在布局空间里进行多比例布图

有时,用户需要在一个幅面上布置多种比例的对象,这种情况一般就在布局空间完成出图。在同一个幅面上多比例布图,最容易出现的问题是同一幅面上不同输出比例的图形,其文字和标注的尺寸在输出后高度不一致。

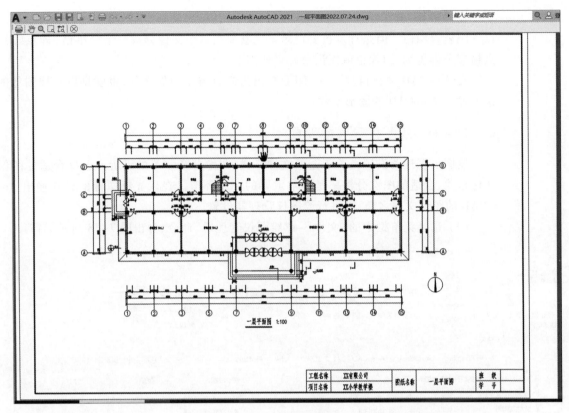

图 7-37　打印预览效果

同一幅面上多比例布图时文字或标注大小不一致,可用以下方法来解决:

(1) 在模型空间按照 1 : 1 绘制图形,转换到布局空间按照 1 : 1 比例进行文字和尺寸的标注,该方法在操作时最简单。

(2) 在模型空间里按照 1 : 1 绘图,同时在模型空间里标注文字和尺寸。需要注意的是,在不同出图比例的图形进行文字和尺寸标注时,要考虑出图的比例,把文字高度和标注样式的全局比例分别反向放大相应倍数。

由于大多数用户习惯在模型空间里完成所有的绘图和标注工作,故下面以一张 A4 幅面的图纸上布置一个输出比例为 1 : 100、尺寸为 6 000×9 000 的大矩形和输出比例为 1 : 25、尺寸为 1 500×2 250 的小矩形为例,详细介绍在模型空间里绘图和标注,然后在布局空间进行多比例布图的步骤(此处大矩形尺寸是小矩形尺寸的 4 倍,采用不同比例在图纸上输出后,大、小矩形应该是一样大)。

任务 7.4　以光栅图像的格式输出 AutoCAD 的图形文件

光栅图也称为位图、点阵图、像素图,简单地说,就是最小单位由像素构成的图,只有点的信息,缩放时会失真。每个像素有自己的颜色,类似计算机里的图片都是像素图,把它放得很大就会看到点变成小色块。这种格式适合存储图形不规则且颜色丰富没有规律的图,如照片、扫描图及 BMP、GIF、JPG 等格式的文件。重现时,看图软件就根据文件里的点阵绘到屏幕上或者打印出来。

栅是格栅,就是纵横成排的小格,小格小到极致,就是点了。对于一个图像,人可以一眼就看明白。但是计算机要记录下来就要把这个图像分成一个个小格(即点阵),点格栅分得越细,图像也就能记录越多的细节。

在 AutoCAD 中,可以将 dwg 图形输出为高分辨率图像文件,也就是以光栅图像的格式输出 AutoCAD 的图形文件。

7.4.1 绘图仪管理器设置

绘图仪管理器设置是关于图像文件格式、图像分辨率等的设置。选择合适的图像文件格式、合适的图像分辨率是非常重要的一个环节。在以光栅图像的格式输出 AutoCAD 的图形文件之前,应进行绘图仪管理器设置。

(1)选择菜单栏中的"文件"→"绘图仪管理器"命令,弹出图 7-38 所示的窗口。

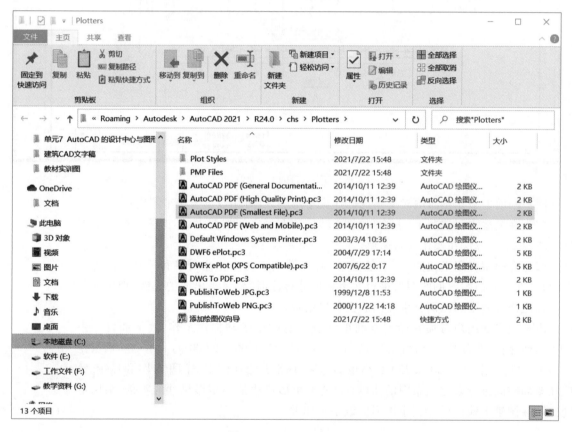

图 7-38　Plotters 窗口

(2)双击"添加绘图仪向导"图标,弹出图 7-39 所示的对话框。

(3)单击"下一步"按钮,弹出"添加绘图仪-开始"对话框,如图 7-40 所示,选择"我的电脑"。

(4)单击"下一步"按钮,弹出"添加绘图仪-绘图仪型号"对话框,如图 7-41 所示。

可以在图 7-41 中选择生产商和型号。在"生产商"下选择"光栅文件格式"作为虚拟打印机,然后在"型号"处选择输出图像文件的格式。一般选择 TIFF 格式好一些,图像无损,缺点是生成的文件大一些。单击"下一步"按钮,弹出"添加绘图仪-输入 PCP 或 PC2"对话框,如图 7-42 所示。

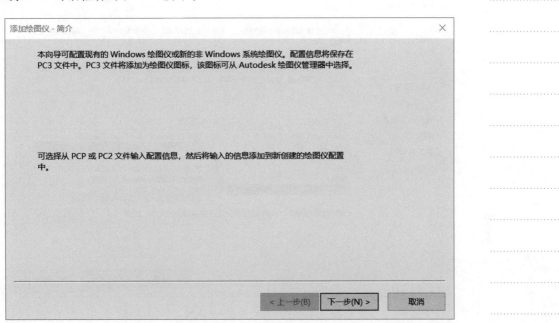

图 7-39　"添加绘图仪-简介"对话框

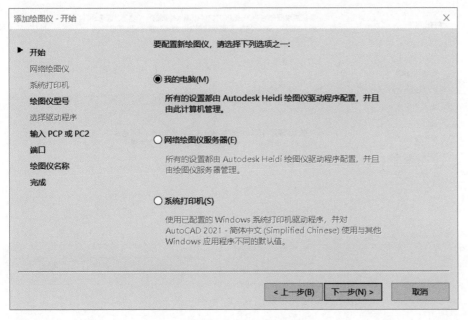

图 7-40　"添加绘图仪-开始"对话框

（5）单击"下一步"按钮,弹出"添加绘图仪-端口"对话框,如图 7-43 所示。

（6）单击"下一步"按钮,弹出"添加绘图仪-绘图仪名称"对话框,如图 7-44 所示。可以根据需要输入虚拟绘图仪的名称,通常按默认即可。单击"下一步"按钮,弹出"添加绘图仪-完成"对话框,如图 7-45 所示。

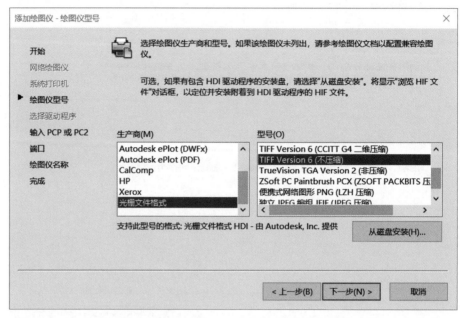

图 7-41   "添加绘图仪-绘图仪型号"对话框

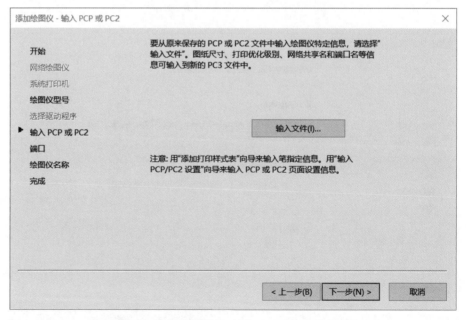

图 7-42   "添加绘图仪-输入 PCP 或 PC2"对话框

(7)下面要进行图像分辨率的设置,这是非常重要的设置。单击"编辑绘图仪配置"按钮,弹出"绘图仪配置编辑器"对话框,如图 7-46 所示。

① 选择"自定义图纸尺寸",然后单击"添加"按钮,弹出"自定义图纸尺寸-开始"对话框,如图 7-47 所示。

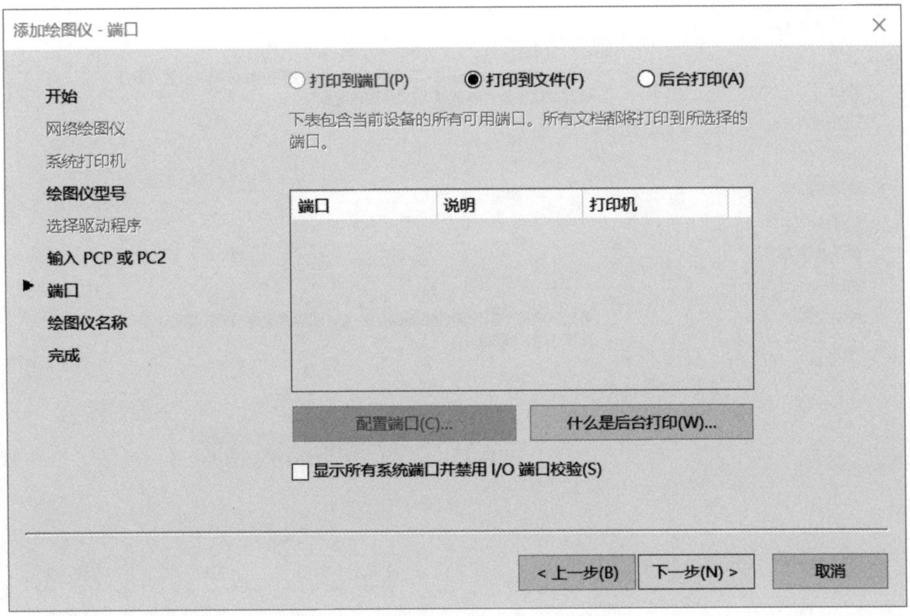

图 7-43　"添加绘图仪-端口"对话框

图 7-44　"添加绘图仪-绘图仪名称"对话框

②"使用现有图纸"中的分辨率比较低,所以选择"创建新图纸"单选按钮,弹出"自定义图纸尺寸-介质边界"对话框,如图 7-48 所示。输入所需要的分辨率,注意高宽比例应该与图幅的比例一致,如宽度为 5 940,高度为 4 200。单击"下一步"按钮,弹出"自定义图纸尺寸-图纸尺寸名"对话框,如图 7-49 所示。

③ 输入图纸尺寸名,也可以不修改,按默认即可。单击"下一步"按钮,弹出"自定义图纸尺寸-文件名"对话框,如图 7-50 所示。

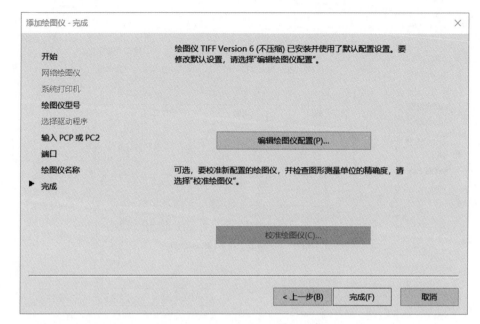

图 7-45　"添加绘图仪-完成"对话框

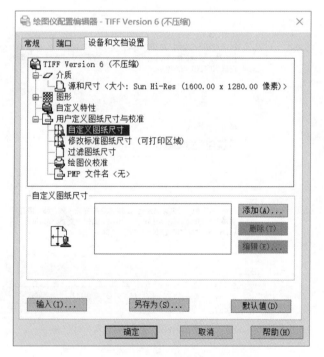

图 7-46　"绘图仪配置编辑器"对话框

④ 输入 PMP 文件名,也可以不修改,按默认即可。单击"下一步"按钮,弹出"自定义图纸尺寸-完成"对话框,如图 7-51 所示。

单击"完成"按钮,回到"绘图仪配置编辑器"对话框,如图 7-52 所示。这样就完成了一种图像分辨率的设置。

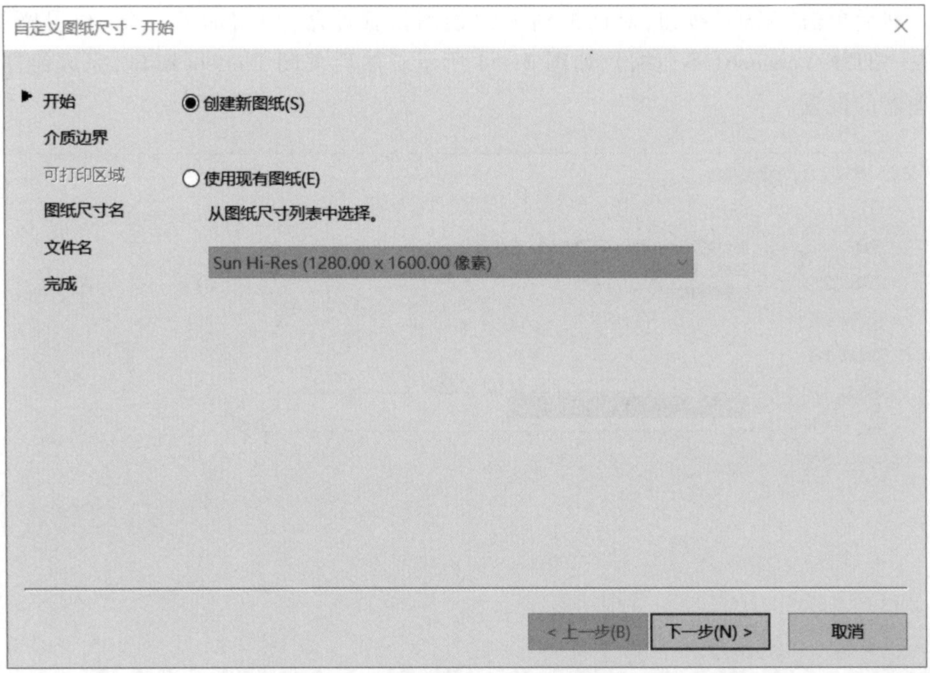

图 7-47　"自定义图纸尺寸-开始"对话框

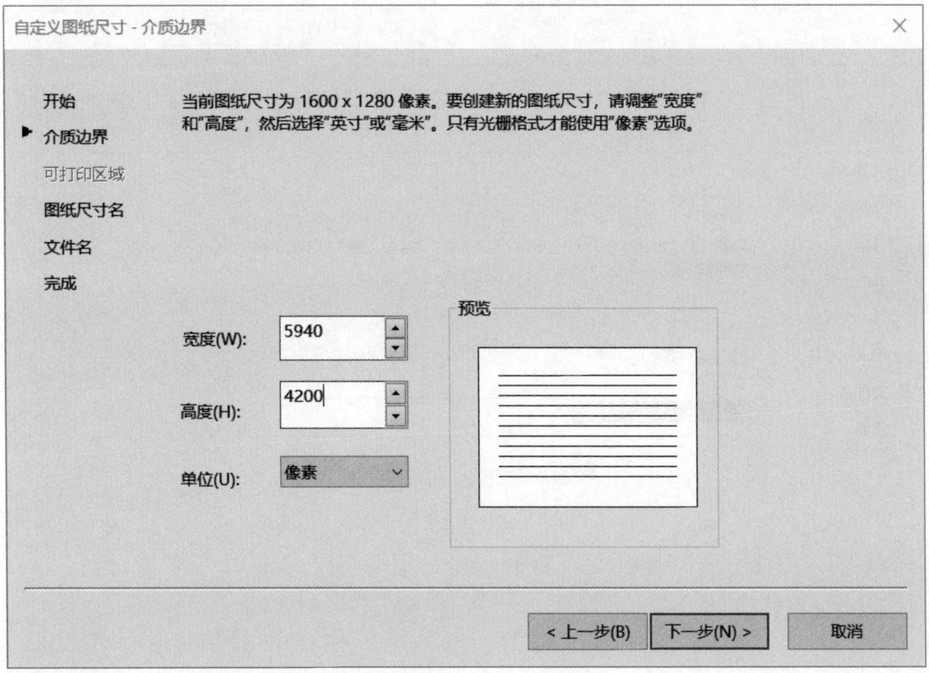

图 7-48　"自定义图纸尺寸-介质边界"对话框

　　设置好分辨率的图纸尺寸已经出现在"自定义图纸尺寸"中,如果需要设置其他分辨率的尺寸,可单击"添加"按钮重复上面的过程。接下来单击"确定"按钮,回到"添加绘图仪-完成"对话框,如图 7-53 所示。

然后单击"完成"按钮,对话框消失,"绘图仪管理器"中增加了一个"绘图仪"种类——TIFF Version6(不压缩),如图 7-54 所示。然后关闭 Plotters 窗口,完成绘图仪管理器的设置。

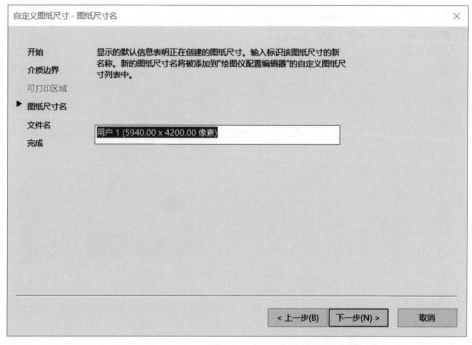

图 7-49 "自定义图纸尺寸-图纸尺寸名"对话框

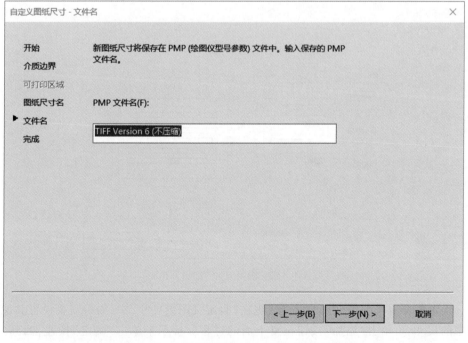

图 7-50 "自定义图纸尺寸-文件名"对话框

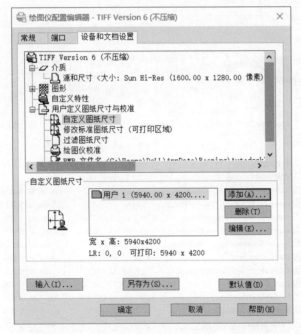

图 7-51　"自定义图纸尺寸-完成"对话框

图 7-52　添加图纸尺寸的"绘图仪配置编辑器"对话框

7.4.2　以光栅图像的格式输出 AutoCAD 的图形文件的方法

前面已经设置好"绘图仪管理器",设置了图像分辨率等。接下来介绍如何以光栅图像的格式输出 AutoCAD 的图形文件。选择菜单栏中的"文件"→"页面设置管理器"→"修改"命令,弹出图 7-55 所示的对话框。

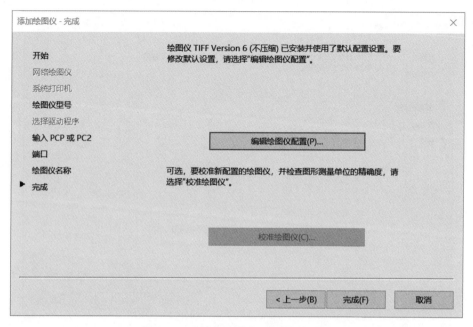

图 7-53　"添加绘图仪-完成"对话框

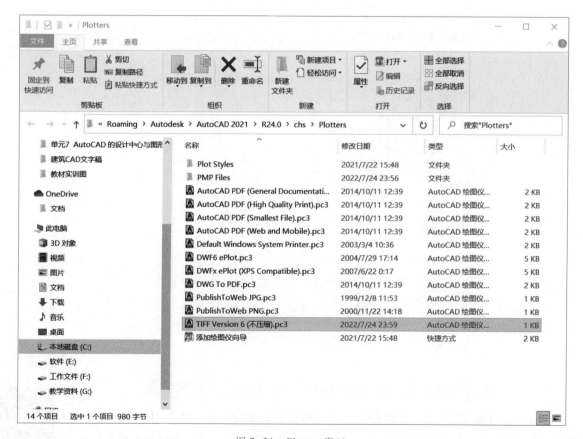

图 7-54　Plotters 窗口

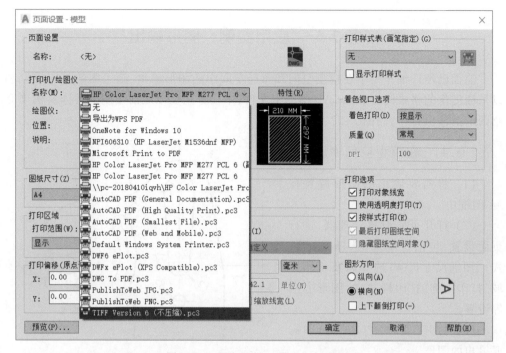

图 7-55 "页面设置-模型"对话框

打印机名称选择前面设置的"TIFF Version6(不压缩)",然后在"图纸尺寸"中选择前面设置的分辨率,如图 7-56 所示。

图 7-56 图纸尺寸选择

其他关于打印方面的设置同模型空间打印,这里不再详细介绍。

任务 7.5　应用实例：图形输出

　　前面已经详细介绍了在模型空间和布局空间中的图形输出、施工图的打印设置和以光栅图像的格式输出 AutoCAD 的图形文件,本任务主要以之前绘制的具体实例来介绍图形的输出打印,如图 7-57 所示。

7.5.1　在模型空间中输出图形

微课
应用实例:图形
输出

　　(1) 将需要输出的图形放置在 A4 图框中。

　　(2) 打开页面设置管理器,进行页面设置,包括打印机(选择 PDF 格式)、图纸尺寸(A4)选择以及打印区域、打印比例、打印样式表、图形方向等设置。

　　(3) 打开"文件–打印",打印需要输出的图形。

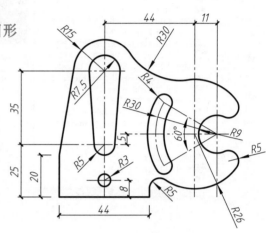

图 7-57　需要输出的图形

7.5.2　在布局空间中输出图形

　　(1) 转换到布局空间。

　　(2) 打开页面设置管理器,进行页面设置,包括打印机(选择 PDF 格式)、图纸尺寸(A4)选择以及打印区域、打印比例、打印样式表、图形方向等设置。

　　(3) 修改浮动窗口。

　　(4) 激活窗口,对窗口里对象的显示状态进行设置,特别是比例的设置。

　　(5) 跳出激活窗口。

　　(6) 打开"文件–打印",打印需要输出的图形。

7.5.3　以光栅图像的格式输出图形

　　(1) 绘图仪管理器设置,设置图像文件格式、图像分辨率,创建新图纸为 A4。

　　(2) 打开页面设置管理器,进行页面设置,包括打印机选择"TIFF Version6(不压缩)",在"图纸尺寸"中选择前面设置的分辨率以及打印区域、打印比例、打印样式表、图形方向等设置。

　　(3) 打开"文件–打印",打印需要输出的图形。

单元 8

建筑 CAD 实训

学习内容

本单元的任务是综合运用绘图命令与编辑命令、文字标注、尺寸标注、块等命令绘制简单、复杂的二维图形和一套完整的建筑施工图。

基本要求

本单元是实训环节,通过实训熟练掌握基本的绘图、编辑、文字输入、尺寸标注、插入块和图案填充等命令,能熟练运用这些命令完成二维图形的绘制和建筑施工图的绘制。

任务 8.1   建筑 CAD 单项实训

8.1.1   二维图形的绘制与编辑

1. 实训目的与要求

(1) 进一步熟悉并熟练掌握基本绘图命令。

(2) 熟练掌握基本编辑命令。

2. 实例及操作指导

例题 8-1   使用相应的绘图和编辑命令,绘制图 8-1 所示的图形。

要求:调用 A4 样板,将文件保存为"SX2-1.dwg"。

微课
例题 8-1 图形绘制

【操作步骤】

(1) 通过样板文件"A4.dwt"创建新文件。

(2) 在"单点画线"图层绘制中心线。

（3）在"粗实线"图层绘制正六边形、R44 圆、R14 圆和 R15 圆。

（4）执行 EXPLODE 命令，将多边形打散，并删除 2 条边。

（5）在"粗实线"图层绘制 R22 圆 2 个，圆心分别在六边形的顶点上。

（6）在"细实线"图层绘制间距为 44 的 2 条直线，接着用"相切、相切、半径"的方法在"粗实线"图层绘制 R22 圆和 R33 圆。

（7）在"粗实线"图层分别绘制 R22 圆与 R14 圆、R33 圆与 R14 圆的公切线。

（8）执行 TRIM 命令，剪去多余的图线；执行 LENGTHEN 命令，调整中心线的长度。

（9）将文件保存为"SX2-1.dwg"。

例题 8-2　使用相应的绘图和编辑命令，绘制图 8-2 所示的图形。

微课
例题 8-2 图形绘制

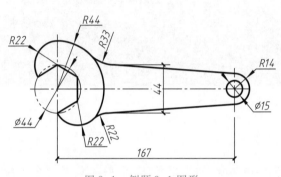

图 8-1　例题 8-1 图形

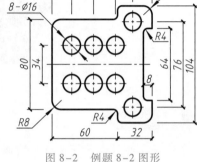

图 8-2　例题 8-2 图形

要求：调用 A4 样板，将文件保存为"SX2-2.dwg"。

【操作步骤】

（1）执行 LINE 命令，在"单点画线"图层绘制中心线，在"粗实线"图层绘制中心线上方的直线段。

（2）在"粗实线"图层绘制左边第一个圆，然后进行矩形阵列，再绘制右边第一个圆。

（3）倒圆角后执行 MIRROR 命令，即可获得完整的图形。

（4）将文件保存为"SX2-2.dwg"。

例题 8-3　使用相应的绘图和编辑命令，绘制图 8-3 所示的图形。

微课
例题 8-3 图形绘制

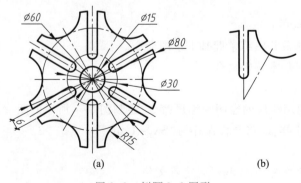

(a)　　　　　　　(b)

图 8-3　例题 8-3 图形

要求:调用 A4 样板,将文件保存为"SX2-3. dwg"。

【操作步骤】

(1) 此题应按图 8-3(a)所给的尺寸,执行 LINE、CIRCLE 和 TRIM 等命令,先绘制图 8-3(b)。

(2) 执行 ARRAY 命令,对图 8-3(b)进行环形阵列,即可得到图 8-3(a)。

(3) 将文件保存为"SX2-3. dwg"。

3. 实训内容

训练 8-1   使用相应的绘图和编辑命令,绘制图 8-4 所示的图形。

要求:调用 A4 样板,将文件保存为"SX2-a. dwg"。

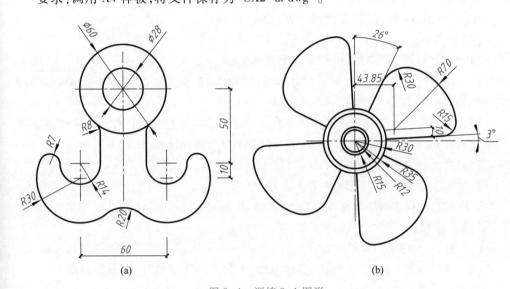

(a)   (b)

图 8-4   训练 8-1 图形

训练 8-2   使用相应的绘图和编辑命令,绘制图 8-5 所示的图形。

要求:调用 A3 样板,将文件保存为"SX2-b. dwg"。

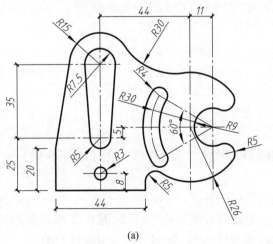
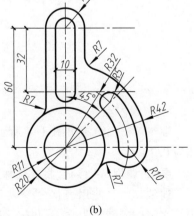

(a)   (b)

图 8-5   训练 8-2 图形

8.1.2　文字的输入与编辑

1. 实训目的与要求

（1）进一步熟悉并熟练掌握文字样式的设置。

（2）掌握单行与多行文本的输入及其编辑方法。

（3）了解表格的定义与填写。

（4）了解特殊符号的输入方法。

2. 实例及操作指导

例题 8-4　单行文字输入。

要求：调用 A4 样板，将文件保存为"SX3-1. dwg"。

【操作步骤】

（1）通过样板文件"A4. dwt"创建新文件。

（2）定义两种文字样式，分别为文字（仿宋 GB2312，宽高比 0.7）和数字（gbenor. shx，宽高比 1.0）。

（3）分别用创建的两种样式标注下列文字并设置字高为 500，比较两种字体的区别。

（4）标注所列符号和数字：± 0.000；$60°$；$\phi 100$；$R60$；AutoCAD2021。

（5）将文件保存为"SX3-1. dwg"。

例题 8-5　多行文字及堆叠文字输入。

要求：调用 A4 样板，将文件保存为"SX3-1. dwg"。

【操作步骤】

（1）打开"SX3-1. dwg"文件。

（2）用创建的"文字"字体样式标注图 8-6 所示的文字内容，字高为 500。

（3）标注图 8-7 所示的堆叠文字，设置文字样式为堆叠，字体样式为 isocp. shx。

（4）在该文件中单击"保存"按钮即可。

外墙防水：

1.各种墙体的砌筑砂浆均应饱满，砌体的搭接符合标准；

2.外墙在施工完后均应填补密实，并在面层相应部位用聚合物水泥砂浆做好填嵌处理及面层装饰；

3.加气混凝土砌块外墙抹灰前应按照施工规范施工。

图 8-6　多行文字输入

$$\frac{8}{9} \quad X^6 \quad H_7 \quad \varnothing 67^{+0.015}_{-0.032} \quad 12^8 - 6^7$$

图 8-7　堆叠文字输入

3. 实训内容

训练 8-3　绘制出图 8-8 所示的标题栏，并填写文字内容，字体样式为仿宋，宽高比为 0.7。

要求：调用 A4 样板，将文件保存为"SX3-a. dwg"。

训练 8-4　使用表格命令以及文字的输入与编辑命令，绘制图 8-9 所示的门窗表。文字样式创建为文字（仿宋 GB2312，宽高比 0.7），字高分别为 500 和 350。

要求：调用 A4 样板，将文件保存为"SX3-b. dwg"。

微课
文字输入

微课
训练 8-3 标题栏内容操作演示

微课
训练 8-4 门窗表的操作演示

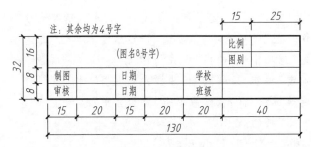

图 8-8　标题栏

门窗表						
类别	设计编号	洞口尺寸/mm		数量	采用标准图集及编号		备注
		宽	高		图集代号	编号	
门	M-1	1500	2100	1			防盗铁门
	M-2	1800	2400	1			推拉塑钢门
	M-3	800	2100	2			推拉塑钢门
窗	C-1	2400	2400	1			推拉塑钢窗
	C-2	1800	1800	1			推拉塑钢窗
	C-3	2400	1800	2			推拉塑钢窗

图 8-9　门窗表

8.1.3　图形尺寸的标注

1. 实训目的与要求

(1) 进一步熟悉并熟练掌握 AutoCAD 的尺寸标注及其工具条的使用。

(2) 熟悉并掌握 AutoCAD 中尺寸标注参数的设置。

(3) 熟悉并掌握尺寸标注样式的创建并进行尺寸标注。

2. 实例及操作指导

例题 8-6　创建一个尺寸标注样式。假设为 A2 图,绘图比例为 1∶100。

要求:将文件保存为"SX4-1. dwg"。

【操作步骤】

(1) 打开以前所绘制的图形文件。

(2) 打开"标注样式管理器"对话框(可以使用 D 命令,也可以选择下拉菜单中的"标注"→"标注样式"命令、"格式"→"标注样式"命令,还可以单击标注工具栏中的 ⊢ 按钮。

(3) 在"标注样式管理器"对话框中,单击"新建"按钮。

(4) 在"新样式名"文本框中输入文件名"建筑标注",然后单击"继续"按钮。

(5) 在"直线"选项卡中,设置基线间距为 8、起点偏移量为 3、超出尺寸线 2 等。

(6) 在"符号和箭头"选项卡中,设置"箭头"为"建筑标记",箭头大小为 2.5。

(7) 在"文字"选项卡中,设置文字高度为 3.5,文字样式为数字。

(8) 在"调整"选项卡中,将使用全局比例修改为 100。

（9）在"主单位"选项卡中，设置单位格式为"小数"、精度为 0、比例因子为 1。

（10）在"换算单位"选项卡中，不要选中"显示换算单位"复选框。

（11）在"公差"选项卡中，选择"方式"为"无"。

（12）单击"确定"按钮，返回到"标注样式管理器"对话框。

（13）选择"建筑标注"样式，然后单击"置为当前"按钮。

（14）单击"关闭"按钮。

（15）将文件保存为"SX4-1.dwg"。

微课
图形尺寸标注

例题 8-7　对简单图形进行尺寸标注，完成后如图 8-10 所示。

要求：打开"SX4-1.dwg"，完成后直接保存。

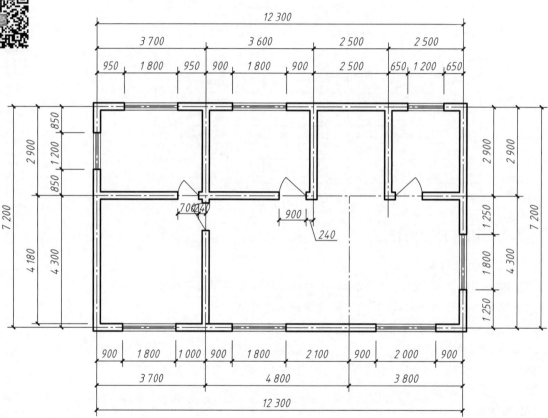

图 8-10　完成标注后的图形对象

【操作步骤】

（1）打开"SX4-1.dwg"图形文件。

（2）将标注样式"建筑标注"设置为当前标注样式。

（3）打开"对象捕捉""正交"和"对象追踪"等开关。

（4）单击"线性标注"按钮，标注水平尺寸。

（5）单击"连续标注"按钮，标注上面的第一条连续水平尺寸。

（6）重复第（4）、（5）步，标注其他位置的第一条尺寸标注。

（7）单击"基线标注"按钮，进行基线标注，并利用连续标注进行尺寸标注。

（8）重复第（4）、（5）、（7）步,完成所有的尺寸标注。

（9）利用夹点编辑修改方式进行尺寸标注的编辑,使尺寸标注看起来更为美观和直接。

（10）完成后直接保存。

3. 实训内容

训练 8-5　设置两种标注样式,样式名分别为"建筑标注"和"半径标注",对"SX2-b. dwg"图形进行尺寸标注。标注完成的图形对象如图 8-11 所示。

要求:打开"SX2-b. dwg"图形文件,将文件另存为"SX4. dwg"。

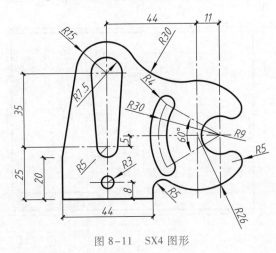

图 8-11　SX4 图形

8.1.4　块及其属性的应用

1. 实训目的与要求

（1）理解内部块与外部块的含义以及它们的制作过程。

（2）理解属性的定义。

（3）熟练掌握图块的创建。

2. 实例及操作指导

例题 8-8　绘制建筑标高符号,将标高值定义为图块的属性,如图 8-12 所示。

要求:将文件保存为"SX5-1. dwg"。

图 8-12　标高符号

微课
例题 8-8 标高图块的绘制

【操作步骤】

（1）利用直线命令绘制出标高符号。

（2）定义标高的属性。

（3）将标高和定义的属性创建成图块。

（4）将文件保存为"SX5-1. dwg"。

例题 8-9　按照现行的建筑制图规范 1:1 绘制图 8-13 和图 8-14 所示 A2 图纸的图框和标题栏,并将其创建成带有属性的外部块文件。

微课
例题 8-9 图框标题栏的绘制

要求:将文件保存为"SX5-2. dwg"。

【操作步骤】

（1）利用矩形命令绘制出 594×420 的图块(采用细实线绘制)。

（2）利用偏移命令向内偏移 10，然后分解，将左边直线再向右边偏移 15，选中内部 4 条直线，将图层改为"粗实线"图层。

（3）利用偏移和修剪命令绘制标题栏。

（4）利用 ATT 命令定义属性。

（5）创建图块属性。

（6）利用外部块命令将图块设置为外部图块。

（7）将文件保存为"SX5-2. dwg"。

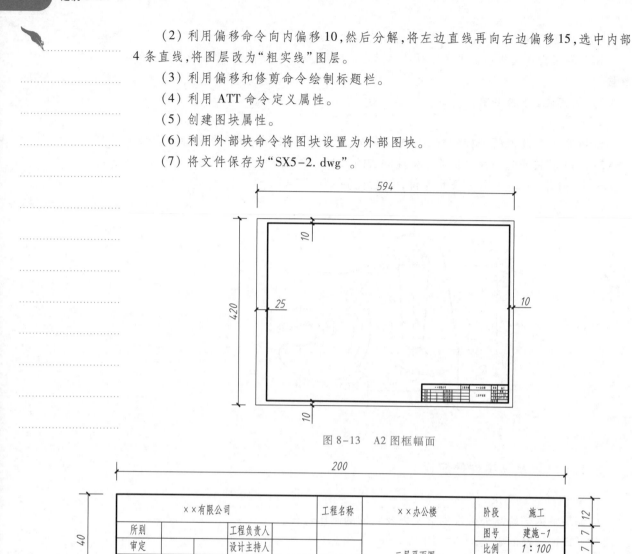

图 8-13　A2 图框幅面

图 8-14　标题栏尺寸

8.1.5　图案填充

1. 实训目的与要求

（1）掌握对建筑施工图进行图案填充的方法。

（2）掌握对填充类型、填充图案、填充角度、填充比例、填充边界、填充原点、关联特性、继承特性等关键参数的合理选择。

（3）熟悉孤岛检测的三种模式及其应用。

（4）掌握图案填充的编辑方法。

（5）领会建筑制图规范对图案填充的要求。

2. 实例及操作指导

例题 **8-10**　按照现行建筑制图规范规定的建筑材料图例,对图 8-15 所示的钢筋混凝土 T 形梁断面进行填充,最后的结果如图 8-16 所示。

要求:调用 A4 样板,将文件保存为"SX6-1. dwg"。

【操作步骤】

(1) 利用直线命令绘制图 8-15 所示的 T 形梁断面。

(2) 利用图案填充命令进行填充,选择钢筋混凝土填充图案以及合适的填充比例进行图案填充。

(3) 利用图案填充命令进行填充,选择斜线填充图案以及合适的填充比例进行图案填充。

(4) 文件保存为"SX6-1. dwg"。

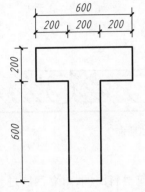
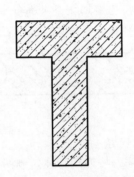

图 8-15　待填充的 T 形梁断面图　　　　图 8-16　填充后的 T 形梁断面图

例题 **8-11**　按照现行建筑制图规范规定的建筑材料图例,对基础详图进行填充,最后的结果如图 8-17 所示。

要求:调用 A4 样板,将文件保存为"SX6-2. dwg"。

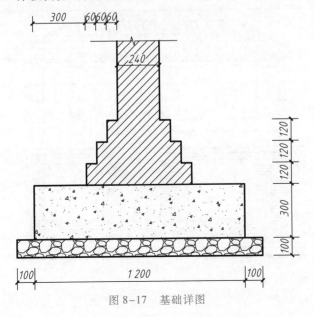

图 8-17　基础详图

【操作步骤】

（1）利用直线命令绘制图 8-17 所示的基础详图（无填充）。

（2）利用图案填充命令对垫层进行填充，选择合适的填充图案、填充比例。

（3）利用图案填充命令对中间混凝土部分进行填充，选择合适的填充图案、填充比例。

（4）利用图案填充命令对上部砌体部分进行填充，选择合适的填充图案、填充比例。

（5）文件保存为"SX6-2. dwg"。

例题 8-12　按照现行建筑制图规范规定的建筑材料图例，对预制板断面进行填充，最后的结果如图 8-18 所示。

要求：调用 A4 样板，将文件保存为"SX6-3. dwg"。

【操作步骤】

（1）利用直线和圆命令绘制图 8-18 所示的预制板断面（无填充）。

（2）利用图案填充命令进行填充，选择合适的填充图案、填充比例。

（3）文件保存为"SX6-3. dwg"。

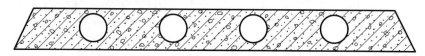

图 8-18　预制板断面

3. 实训内容

训练 8-6　按照现行建筑制图规范规定的建筑材料图例，对立面图进行填充，最后的结果如图 8-19 所示。

要求：打开"SX6. dwg"图形文件，将文件直接保存即可。

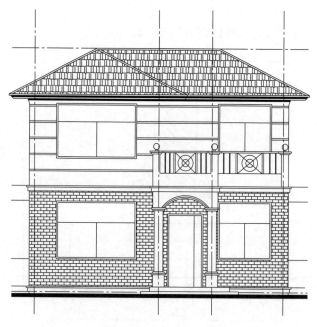

图 8-19　立面图填充

8.1.6　多线的绘制与编辑

1. 实训目的与要求

（1）进一步熟悉并熟练掌握多线样式的设置。

（2）掌握多线的绘制及编辑。

2. 实例及操作指导

例题 **8-13**　使用多线绘制和编辑命令，绘制图 8-20 所示的图形。

要求：将文件保存为"SX7-1. dwg"。

微课
例题 8-13 多线绘
制墙体、窗户

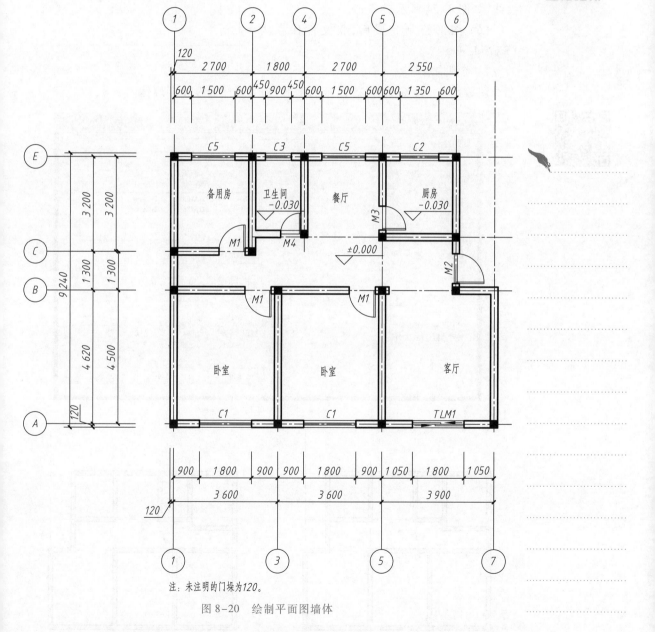

图 8-20　绘制平面图墙体

（1）调用偏移命令，画出所有的轴线，如图 8-21 所示。

（2）设置多线样式，样式名为"240 墙"，勾选"封口"选项组中"直线"的起点和端点，偏移可以不修改，如图 8-22 所示。

（3）调用多线命令，对正样式选择"无"，比例设为 240，当前多线样式为 240 墙。

（4）绘制图 8-23 所示的多线墙体。

（5）调用多线修改命令，根据情况分别选择 T 形打开、角点结合等选项，修改所画的多线，如图 8-24 所示。

（6）图形绘制完成后，将文件保存为"SX7-1. dwg"。

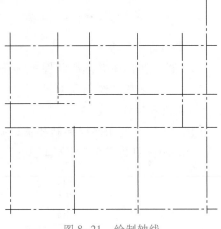

图 8-21　绘制轴线

3. 实训内容

训练 8-7　根据图 8-25 所示的图形，利用多线命令绘制墙体。

图 8-22　多线样式设置

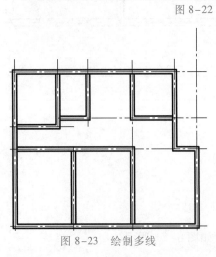

图 8-23　绘制多线

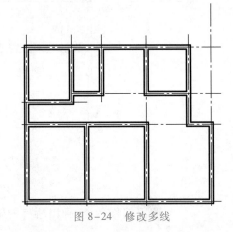

图 8-24　修改多线

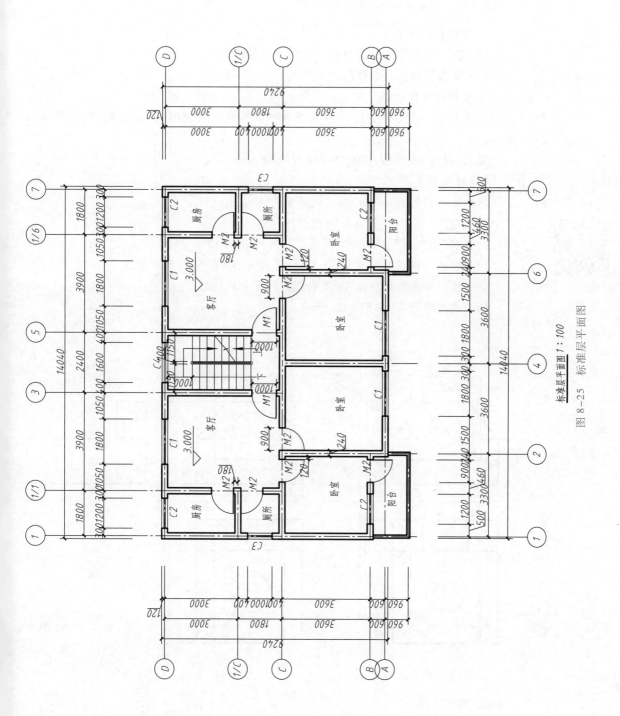

标准层平面图 1：100

图 8-25　标准层平面图

要求:调用 A2 样板,将文件保存为"SX7-2. dwg"。

8.1.7 组合体三视图的绘制

1. 实训目的与要求

(1)进一步熟悉并熟练掌握二维绘图与编辑命令。

(2)掌握组合体三视图的绘制。

2. 实例及操作指导

例题 **8-14** 按 1∶1 比例抄画图 8-26 所示的两视图,补画左视图,如图 8-27 所示。

要求:调用 A4 样板,将文件保存为"SX8-1. dwg"。

【操作步骤】

(1)通过样板文件"A4. dwt"创建新文件。

(2)在"单点画线"图层绘制中心线。

(3)在"粗实线"和"虚线"图层绘制两视图,如图 8-26 所示。

(4)根据三视图绘制规则(长对正、宽相等、高平齐)绘制左视图。

(5)执行修剪和删除命令,剪去和删除多余的图线。

(6)将文件保存为"SX8-1. dwg"。

微课
例题 8-14 左视图绘制

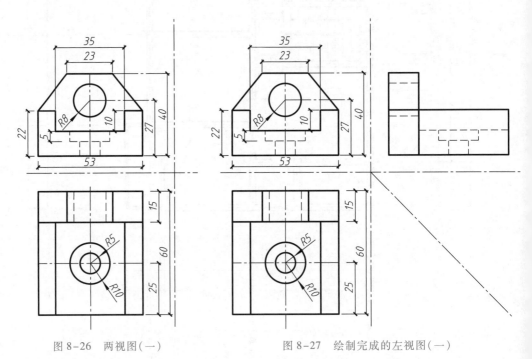

图 8-26 两视图(一)   图 8-27 绘制完成的左视图(一)

微课
三视图训练 8-8 操作演示

3. 实训内容

训练 **8-8** 根据图 8-28 所示的两视图补画左视图,绘制完成的左视图如 8-29 所示。

要求:调用 A4 样板,将文件保存为"SX8-2. dwg"。

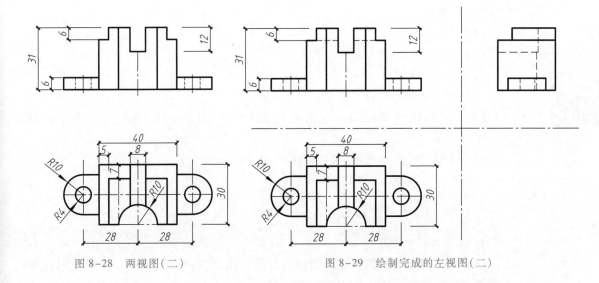

图 8-28　两视图(二)　　　　　　　图 8-29　绘制完成的左视图(二)

训练 8-9　根据图 8-30 所示的两视图补画左视图,绘制完成的左视图如图 8-31 所示。

要求:调用 A4 样板,将文件保存为"SX8-2.dwg"。

微课
三视图训练 8-9 操作演示

8.1.8　设计中心的应用

1. 实训目的与要求

(1) 进一步熟悉并熟练掌握设计中心的应用。

(2) 了解 AutoCAD 设计中心的概念。

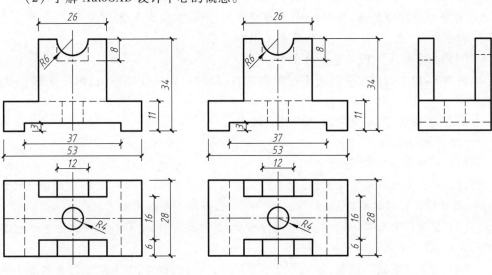

图 8-30　两视图(三)　　　　　　图 8-31　绘制完成的左视图(三)

2. 实例及操作指导

例题 **8-15**　设计中心的应用。

要求:打开"SX10-1.dwg"图形文件。新建一个图形文件,将文件保存为

"SX10-2. dwg"。

【操作步骤】

(1) 通过样板文件创建新文件。

(2) 打开"SX10-1. dwg"图形文件。

(3) 在新建图形文件中打开设计中心。

(4) 将"SX10-1. dwg"图形文件中的文字样式、图层、标注样式、图块等添加到新文件中。

(5) 查看新文件中图层、文字样式、标注样式等的设置。

(6) 将文件保存为"SX10-2. dwg"。

8.1.9　图形的打印输出

1. 实训目的与要求

(1) 进一步熟悉并熟练掌握图形的打印输出,包括在模型空间、布局空间以及以光栅图像的格式输出 AutoCAD 的图形文件。

(2) 熟练掌握打印页面设置。

(3) 了解模型空间和布局空间之间的关系。

2. 实例及操作指导

例题 **8-16**　利用模型空间进行图形的打印输出,图形如图 8-32 所示。

要求:页面设置,将文件以 PDF 格式输出。

【操作步骤】

(1) 打开图形文件,将需要输出的图形放置在 A4 图框中。

(2) 打开页面设置管理器,进行页面设置,包括打印机(选择 PDF 格式)、图纸尺寸(A4)选择以及打印区域、打印比例、打印样式表、图形方向等设置。

(3) 打开"文件-打印",打印需要输出的图形。

(4) 查看输出为 PDF 格式的文件。

例题 **8-17**　利用布局空间进行图形的打印输出,并多比例布图,图形如图 8-32 所示。

要求:页面设置,将文件以 PDF 格式输出。

【操作步骤】

(1) 转换到布局空间。

(2) 打开页面设置管理器,进行页面设置,包括打印机(选择 PDF 格式)、图纸尺寸(A4)选择以及打印区域、打印比例、打印样式表、图形方向等设置。

(3) 新建浮动窗口,针对剖面图进行布局,激活该窗口,对窗口里对象的显示状态进行设置,特别是比例的设置。

(4) 针对详图进行布局,新建一个浮动窗口,激活该窗口,对窗口里对象的显示状态进行设置,特别是比例的设置,将窗口移动到合适的位置。

(5) 跳出激活窗口。

(6) 打开"文件-打印",打印需要输出的图形。

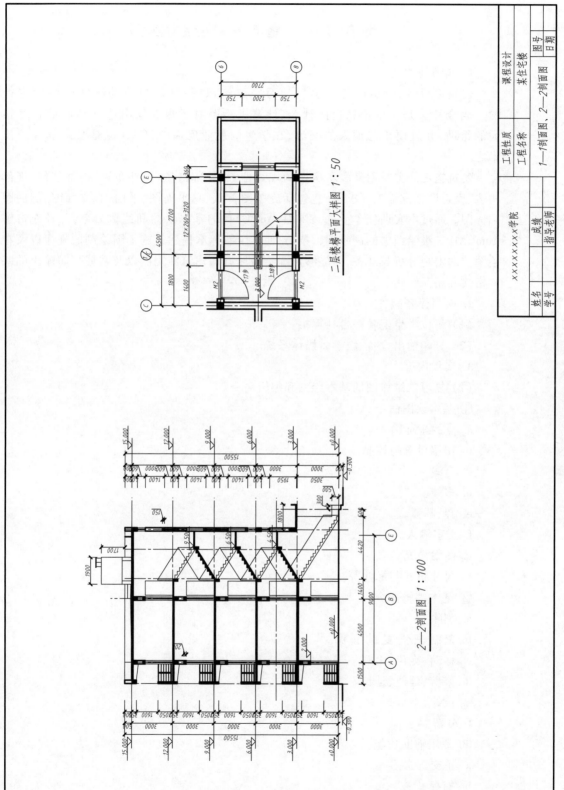

图 8-32　需要打印输出的图形

任务 8.2　建筑 CAD 综合实训

1. 实训性质及目的

建筑 CAD 综合实训是在学生学习完建筑识图、计算机辅助绘图软件后进行的。当今社会是一个信息化的社会,计算机绘图对于提高绘图速度和质量有着很大的帮助,并且便于与他人的交流,在学生的就业反馈中,CAD 也是必须掌握的技术之一。

建筑施工图主要用来表示房屋的规划位置、外部造型、内部布置、内外装修、细部构造、固定设施及施工要求等,它包括施工图首页、总平面图、平面图、立面图、剖面图和详图。通过本实训使学生熟练掌握 AutoCAD 的基本绘图和编辑命令,并补充讲解 AutoCAD 二维绘图中的高级编辑技巧,使学生熟练掌握建筑施工图绘制的规律以及在绘图前的宏观分析与准备,并能够熟练绘制典型的建筑施工图以及掌握打印输出的基本格式和相互转化。

2. 实训设备软件

(1) 每位学生配备一台计算机。

(2) 打印输出设备、教学多媒体系统。

3. 实训内容

(1) 复习二维作图的基本绘图和编辑命令。

① 基本绘图命令。

a. 点的坐标输入。

b. 图层设置与控制。

c. 直线。

d. 多线。

e. 圆、圆弧。

f. 文字输入。

g. 图案填充。

h. 尺寸格式与标注等。

② 基本编辑命令。

a. 删除。

b. 复制、平行复制、镜像。

c. 移动、旋转、比例。

d. 修剪、延伸、延长。

e. 拉伸。

f. 分解。

③ 常用辅助功能。

a. 正交。

b. 捕捉。

c. 追踪。

（2）补充学习二维作图的高级编辑技巧。

① 夹点功能。

② 透明命令。

③ 清除命令。

④ 多义线编辑。

⑤ 查询图形属性。

（3）识读如图 8-33～图 8-38 所示的建筑施工图，并进行绘制。

4. 实训成果要求

（1）实训作业图纸装订成图纸集，名称为"建筑 CAD 实训图纸集"，写明学生姓名、学号及指导教师姓名。

（2）在上交图纸集后，按教师要求上交电子图纸集。

（3）实训期间，学生必须无条件服从实训带队老师的指挥及安排，如有不服从者，实训成绩按不及格处理，情节严重的将给予纪律处分。

（4）实训期间，学生应遵守纪律，不得无故缺席、迟到、早退，如因特殊情况不能参加实训者，应事先办理相关手续，否则按旷课处理。

（5）进入机房，必须爱护设备，不得嬉笑打闹，不得随意上网及打游戏，如有上述情况，按评分标准降低实训成绩，上机期间由各上机班级安排值日生轮流值日，保持机房整洁卫生。

（6）上机进程应紧跟计划书，完成相应实训任务，并积极准备考取各类相关证书。

5. 成绩评定

（1）每张图纸成绩评分标准按表 8-1 执行，最后合计平均分。

（2）成绩按优秀、良好、中等、及格、不及格记录。

6. 实训注意事项

（1）图层的属性要求符合制图的标准，按表 8-2 设置图层。

（2）按 1∶1 的比例绘制图形，将每张图形放置在 A2 图框中。

（3）在建立图形文件后，每作图一段时间要进行文件保存，以免发生意外时文件丢失。

（4）未明确部分均按现行建筑制图标准绘制。

（5）文字样式设置：设置文字样式为"汉字"，字体名为"仿宋"，宽度因子为 0.7；数字样式为"非汉字"，字体名为"simplex.shx"，宽度因子为 0.7。

（6）尺寸标注样式设置：尺寸标注样式名为标注 100，箭头大小为 2.0 mm，基线间距为 10 mm，尺寸界限偏移原点 5 mm、偏移尺寸线 2 mm，文字样式选择为"非汉字"，全局比例因子为 100。

（7）图框绘制：在"图框"图层中绘制 A2 横式图框。

① 图框线宽要求：细线为 0.35 mm，中粗线为 0.7 mm，粗线为 1.0 mm，细线的"线宽控制"随层，中粗线和粗线均采用"线宽控制"设置线宽。

② 文字采用"汉字"样式，标题栏按图 8-39 绘制，尺寸无须标注。

③ 图框放置：按出图比例要求放大图框，将所绘制的图形放置在图框中。

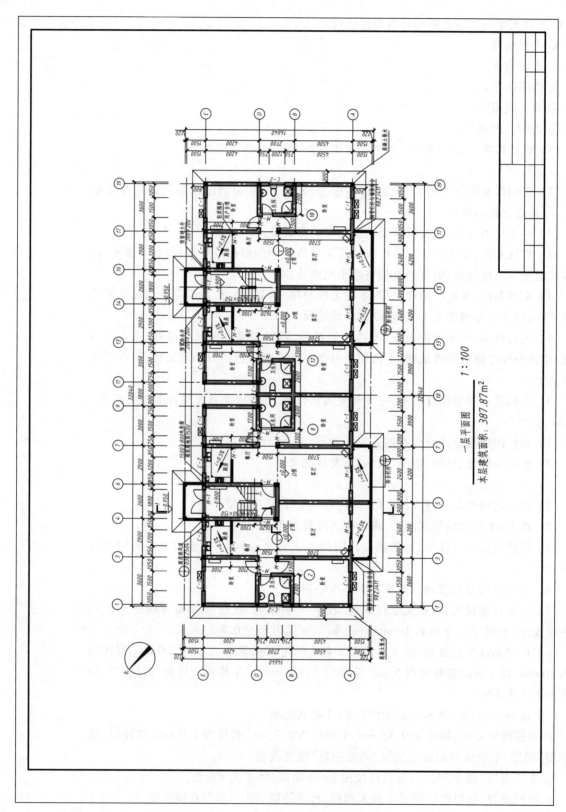

一层平面图　1:100

一层平面图

本层建筑面积: 387.87m²

图 8-33　一层平面图

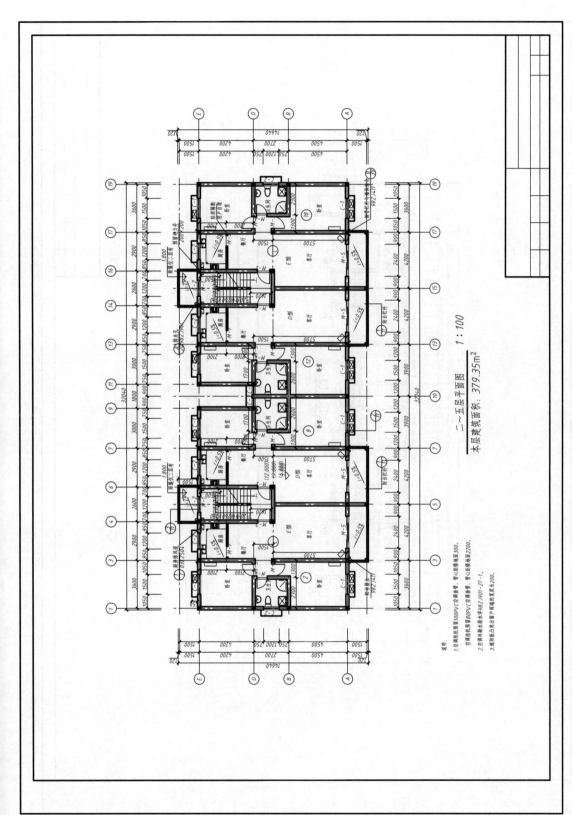

二～五层平面图　1:100

本层建筑面积: 379.35m²

说明:
1.空调柜机冷凝管100PVC空调套管，安心距楼地面300。
2.空调冷凝水排水管80PVC空调套管，安心距楼地面2200。
3.空调冷水排水津98Z·901-27-1。
4.速剖剖凸实出窗户两墙构复度为200。

图 8-34　二～五层平面图

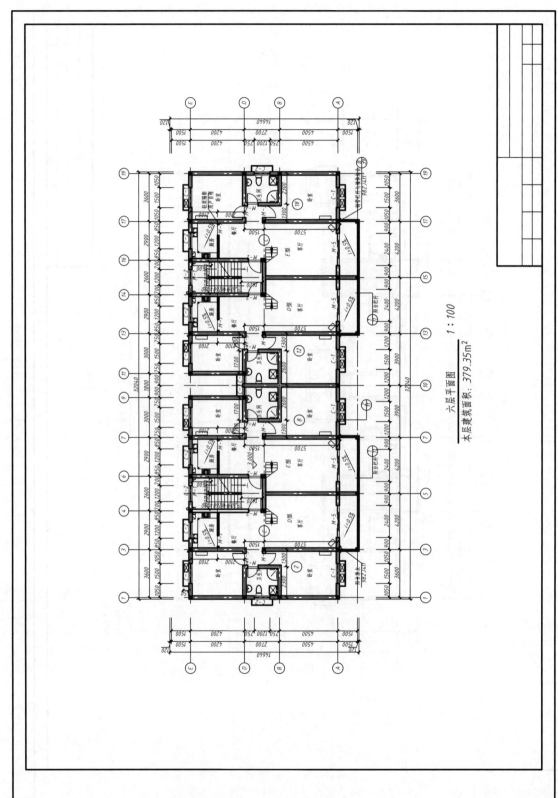

六层平面图　1:100

本层建筑面积: 379.35m²

图 8-35　六层平面图

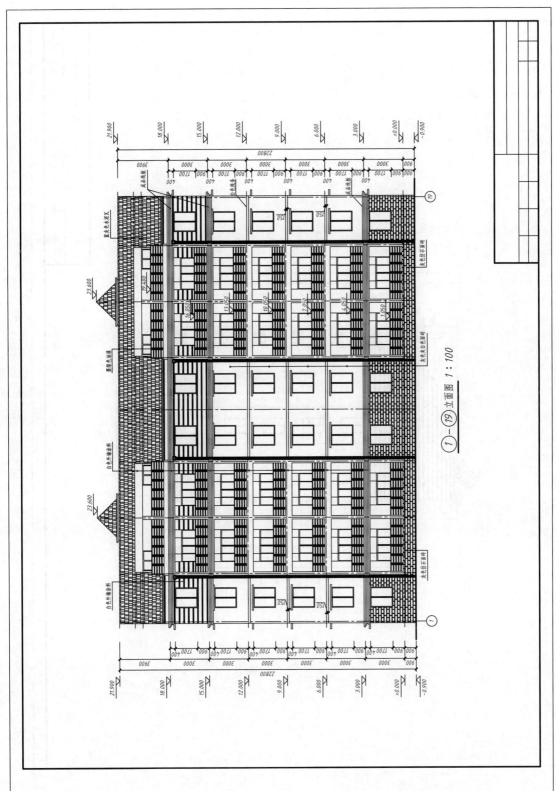

图 8-36　①-⑲立面图

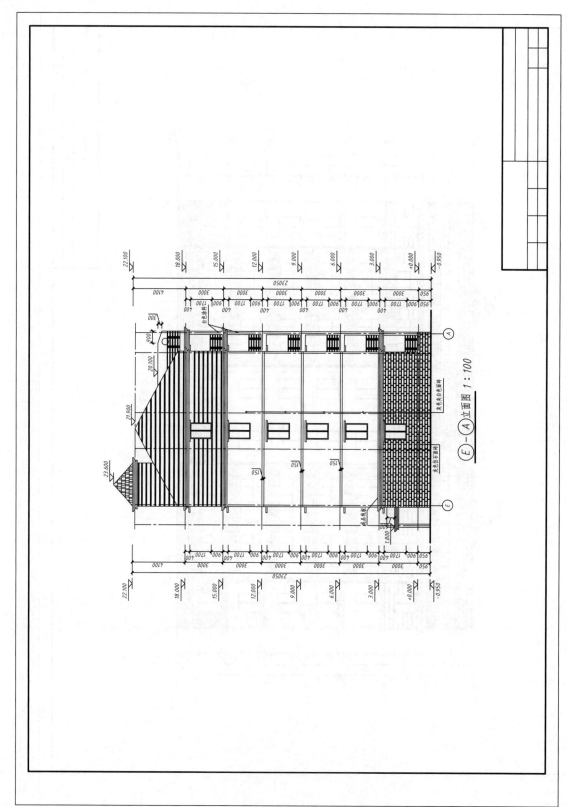

图 8-37　Ⓔ-Ⓐ立面图

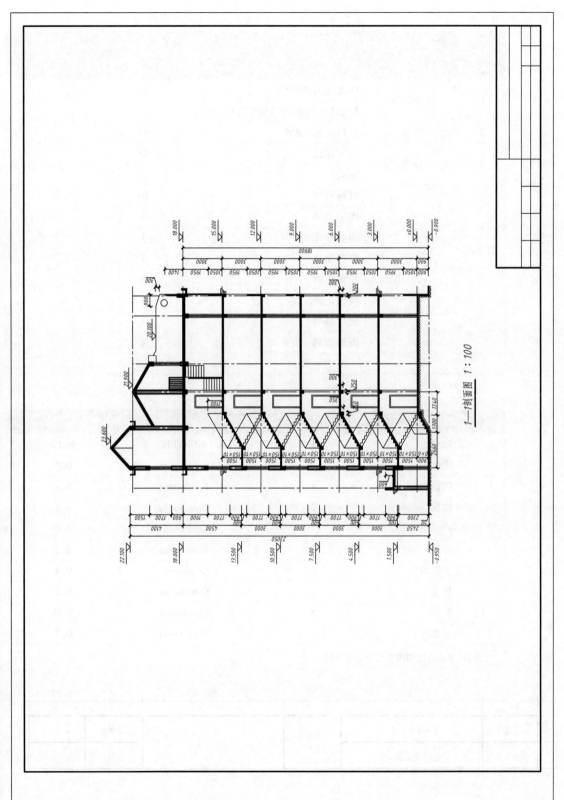

1—1 剖面图 1 : 100

图 8-38　1—1 剖面图

表 8-1 建筑 CAD 实训图纸成绩评分标准

序号	项目	评判内容及标准			备注
		内容	分值	扣分	
1	绘图环境	图幅线与图框线	1		
		标题栏(包括图线与原有的汉字)	4		
2	图形	图形正确、完整	40		
3	标注	尺寸标注	25		
		标高	2		
4	其他	材料符号	10		
		图中文字	3		
		图名及比例	1		
		保存文件	1		
5	图形效果	线宽正确	3		
		线型正确	3		
		尺寸排列	3		
		图形布局	4		
总得分:					

表 8-2 图层的设置

图层名称	颜色	线型	线宽/mm
轴线	1	CENTER	0.15
墙体	7	Continuous	0.5
门窗	4	Continuous	0.2
楼梯	2	Continuous	0.2
室外地坪线	7	Continuous	1.0
标注	3	Continuous	0.2
文字说明	6	Continuous	0.2
柱子	2	Continuous	0.2
图框	5	Continuous	0.35
其他细线	8	Continuous	0.2

注:可根据自己的需要添加其他图层。

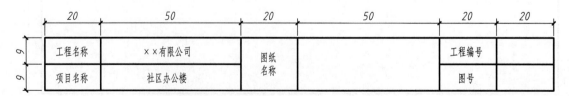

图 8-39 标题栏

附录 1

AutoCAD 功能键

序号	功能键	功能
1	limits	绘图界限命令
2	F1	帮助键
3	F2	文本/绘图窗口切换
4	F3	打开/关闭对象捕捉
5	F4	打开/关闭三维对象捕捉
6	F5	等轴测平面的切换
7	F6	动态 UCS 开/关切换
8	F7	打开/关闭栅格,栅格默认在图形界限之内
9	F8	打开/关闭正交功能,当功能键起作用时,由起点画出的直线均垂直于 X 轴、Y 轴
10	F9	打开/关闭捕捉功能
11	F10	打开/关闭极轴。打开极轴时,自动关闭正交,与正交相似,不同的是极轴不强制鼠标指针沿某一固定角度,只有接近某一极轴时,才强制鼠标沿该角度移动
12	F11	打开/关闭对象捕捉追踪
13	F12	打开/关闭动态输入

类型	命令	快捷命令	功能	命令	快捷命令	功能
对象特性	ADCENTER	ADC	设计中心	MATCHPROP	MA	特性匹配
	PROPERTIES	CH,MO	修改特性	STYLE	ST	文字样式
	COLOR	COL	设置颜色	LAYER	LA	图层操作
	LINETYPE	LT	线形	LTSCALE	LTS	线形比例
	LWEIGHT	LW	线宽	UNITS	UN	图形单位
	ATTDEF	ATT	属性定义	ATTEDIT	ATE	编辑属性
	BOUNDARY	BO	边界创建	ALIGN	AL	对齐
	QUIT	EXIT	退出	EXPORT	EXP	输出其他格式文件
	IMPORT	IMP	输入文件	OPTIONS	OP,PR	自定义 CAD 设置
	PLOT	PRINT	打印	PURGE	PU	清除垃圾
	REDRAW	R	重新生成	RENAME	REN	重命名
	SNAP	SN	捕捉栅格	DSETTINGS	DS	设置极轴追踪
	PREVIEW	PRE	打印预览	OSNAP	OS	设置捕捉模式
	TOOLBAR	TO	工具栏	VIEW	V	命名视图
	AREA	AA	面积	DIST	DI	距离
	LIST	LI	显示图形数据信息			

续表

类型	命令	快捷命令	功能	命令	快捷命令	功能
绘图命令	POINT	PO	点	LINE	L	直线
	XLINE	XL	射线	PLINE	PL	多段线
	MLINE	ML	多线	SPLINE	SPL	样条曲线
	POLYGON	POL	正多边形	RECTANGLE	REC	矩形
	CIRCLE	C	圆	ARC	A	圆弧
	DONUT	DO	圆环	ELLIPSE	EL	椭圆
	REGION	REG	面域	MTEXT	MT,T	多行文本
	BLOCK	B	块定义	TEXT	DT	单行文本
	INSERT	I	插入块	WBLOCK	W	定义块文件
	DIVIDE	DIV	等分	BHATCH	H	填充
修改命令	COPY	CO	复制	MIRROR	MI	镜像
	ARRAY	AR	阵列	OFFSET	O	偏移
	ROTATE	RO	旋转	MOVE	M	移动
	ERASE	E	删除	EXPLODE	X	分解
	TRIM	TR	修剪	EXTEND	EX	延伸
	STRETCH	S	拉伸	LENGTHEN	LEN	直线拉长
	SCALE	SC	比例缩放	BREAK	BR	打断
	CHAMFER	CHA	倒角	FILLET	F	倒圆角
	DDEDIT	ED	修改文本	PEDIT	PE	多段线编辑
视图缩放	PAN	P	平移	Z+<Space>+<Space>		实时缩放
	ZOOM	Z+E	显示全图	ZOOM	Z+P	返回上一视图
尺寸标注	QDIM	QD	快速标注	DIMLINEAR	DLI	线性标注
	DIMALIGNED	DAL	对齐标注	DIMRADIUS	DRA	半径标注
	DIMDIAMETER	DDI	直径标注	DIMCENTER	DCE	中心标注
	DIMANGULAR	DAN	角度标注	TOLERANCE	TOL	标注形位公差
	DIMORDINATE	DOR	点标注	QLEADER	LE	快速引出标注
	DIMBASELINE	DBA	基线标注	DIMSTYLE	D	标注样式
	DIMCONTINUE	DCO	连续标注	DIMEDIT	DED	编辑标注

命令	快捷命令	功能	命令	快捷命令	功能
PROPERTIES	Ctrl+1	修改特性	ADCENTER	Ctrl+2	设计中心
OPEN	Ctrl+O	打开文件	NEW	Ctrl+N	新建文件
PRINT	Ctrl+P	打印文件	QSAVE	Ctrl+S	保存文件
UNDO	Ctrl+Z	放弃	CUTCLIP	Ctrl+X	剪切
COPYCLIP	Ctrl+C	复制	PASTECLIP	Ctrl+V	粘贴
SNAP	Ctrl+B	栅格捕捉	OSNAP	Ctrl+F	对象捕捉
GRID	Ctrl+G	栅格	ORTHO	Ctrl+L	正交
	Ctrl+W	对象追踪		Ctrl+U	极轴

参考文献

[1] 张英.土木工程 CAD[M].北京:中国电力出版社,2009.

[2] 天工在线.中文版 AutoCAD 2021 从入门到精通:实战案例版[M].北京:中国水利水电出版社,2020.

[3] 刘文英.建筑 CAD[M].西安:西安交通大学出版社,2011.

[4] 刘晓平.建筑工程图识读实训[M].2 版.上海:同济大学出版社,2015.

[5] 许宝良.建筑 CAD[M].北京:高等教育出版社,2015.

[6] 杨菲.土木工程 CAD[M].天津:天津大学出版社,2017.

[7] 白金波.建筑 CAD[M].天津:天津科学技术出版社,2020.

[8] 中华人民共和国住房和城乡建设部.房屋建筑制图统一标准:GB/T 50001—2017[S].北京:中国计划出版社,2018.

读者意见反馈

为收集对教材的意见建议，进一步完善教材编写并做好服务工作，读者可将对本教材的意见建议通过如下渠道反馈至我社。

咨询电话　400-810-0598

反馈邮箱　gjdzfwb@pub.hep.cn

通信地址　北京市朝阳区惠新东街 4 号富盛大厦 1 座

　　　　　高等教育出版社总编辑办公室

邮政编码　100029